知乎 BOOK

[美]萨蒂扬·莱纳斯·德瓦道斯　马修·哈

Mage Merlin's Unsolved Mathematical Mysteries

魔法数学

16个数学未解之谜

民主与建设出版社
·北京·

图书在版编目（CIP）数据

魔法数学：16 个数学未解之谜 / (美) 萨蒂扬・莱纳斯・德瓦道斯 , (美) 马修・哈维著 ; 刘巍然译 . -- 北京 : 民主与建设出版社 , 2021.8

书名原文：Mage Merlin's Unsolved Mathematical Mysteries

ISBN 978-7-5139-3564-7

Ⅰ . ①魔… Ⅱ . ①萨… ②马… ③刘… Ⅲ . ①数学 - 普及读物 Ⅳ . ① O1-49

中国版本图书馆 CIP 数据核字 (2021) 第 100550 号

Published by arrangement with The MIT Press

著作权合同登记号 图字：01-2021-4016

魔法数学：16 个数学未解之谜

MOFA SHUXUE 16 GE SHUXUE WEIJIE ZHIMI

著　　者　[美] 萨蒂扬・莱纳斯・德瓦道斯，马修・哈维
译　　者　刘巍然
责任编辑　程　旭
封面设计　何　睦
审　　校　王　汐
出版发行　民主与建设出版社有限责任公司
电　　话　（010）59417747　59419778
社　　址　北京市海淀区西三环中路 10 号望海楼 E 座 7 层
邮　　编　100142
印　　刷　三河市兴博印务有限公司印刷
版　　次　2021 年 8 月第 1 版
印　　次　2021 年 8 月第 1 次印刷
开　　本　690 毫米 ×980 毫米　1/16
印　　张　9.5
字　　数　100 千字
书　　号　ISBN 978-7-5139-3564-7
定　　价　68.00 元

谨以此书，
献给我们最爱的亲人

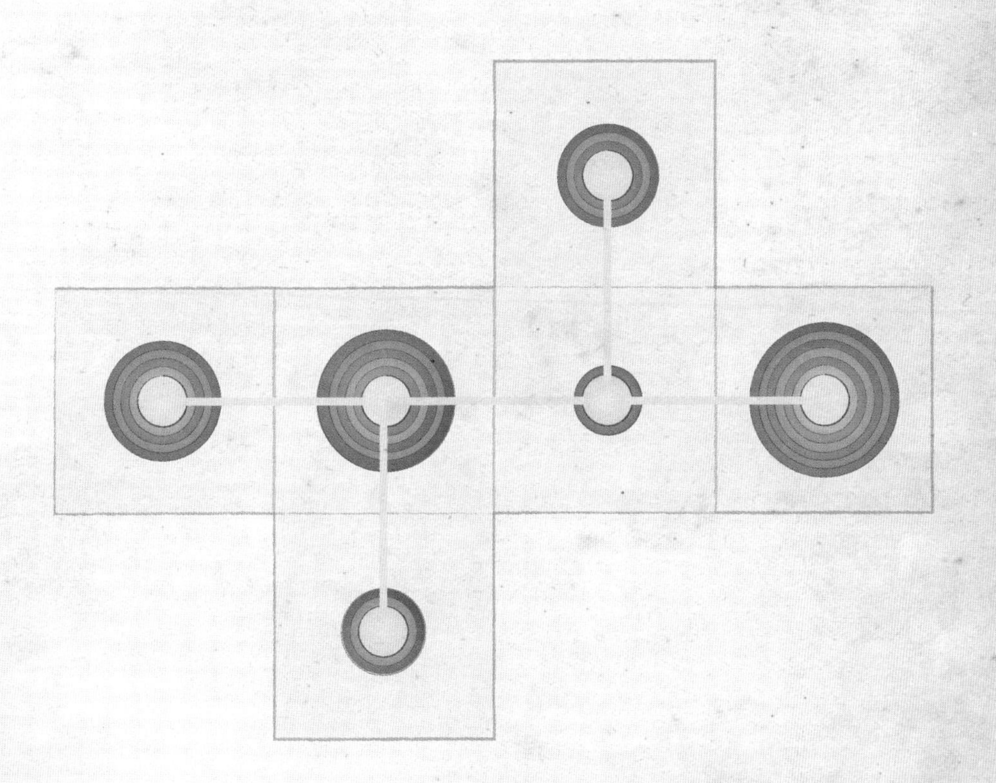

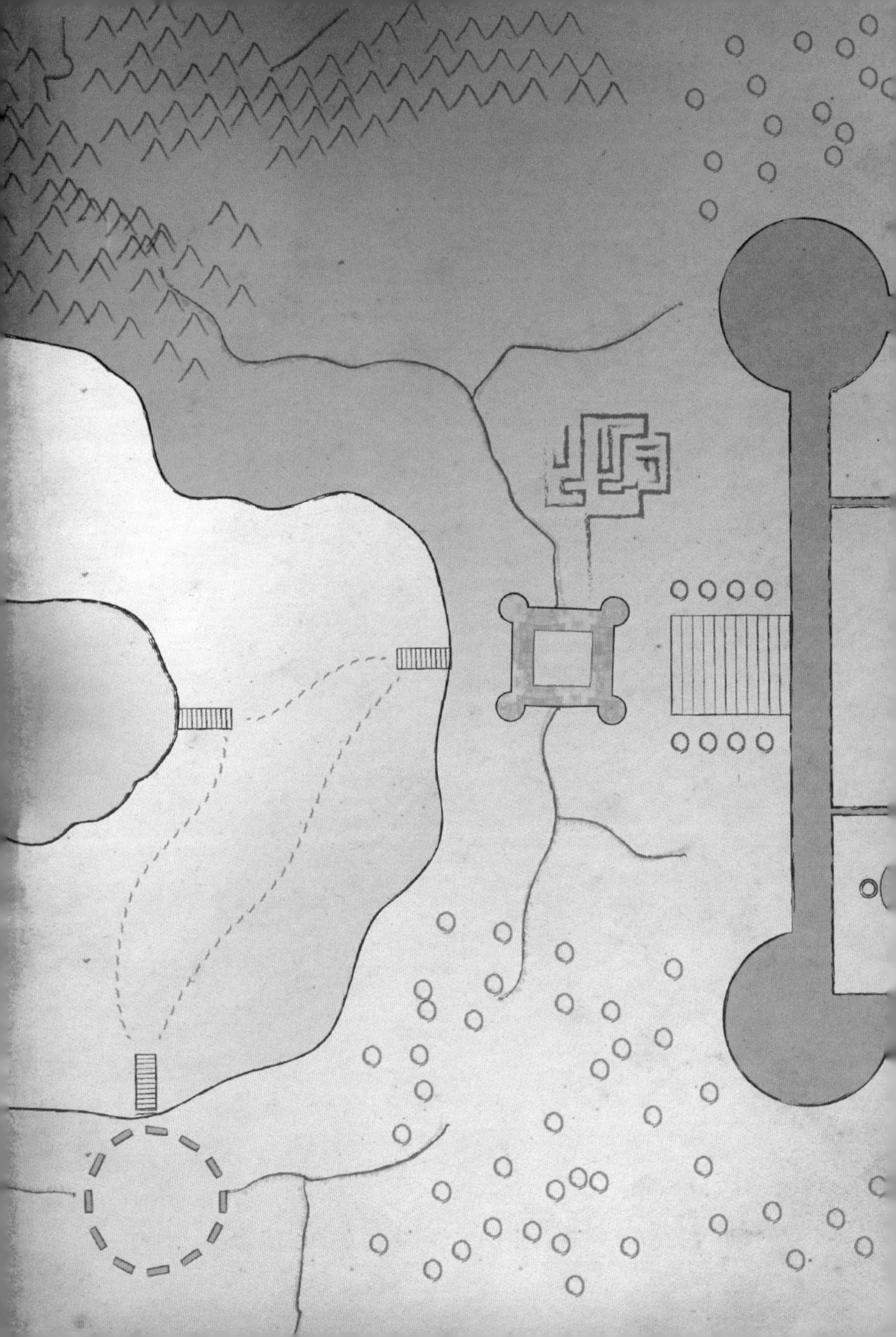

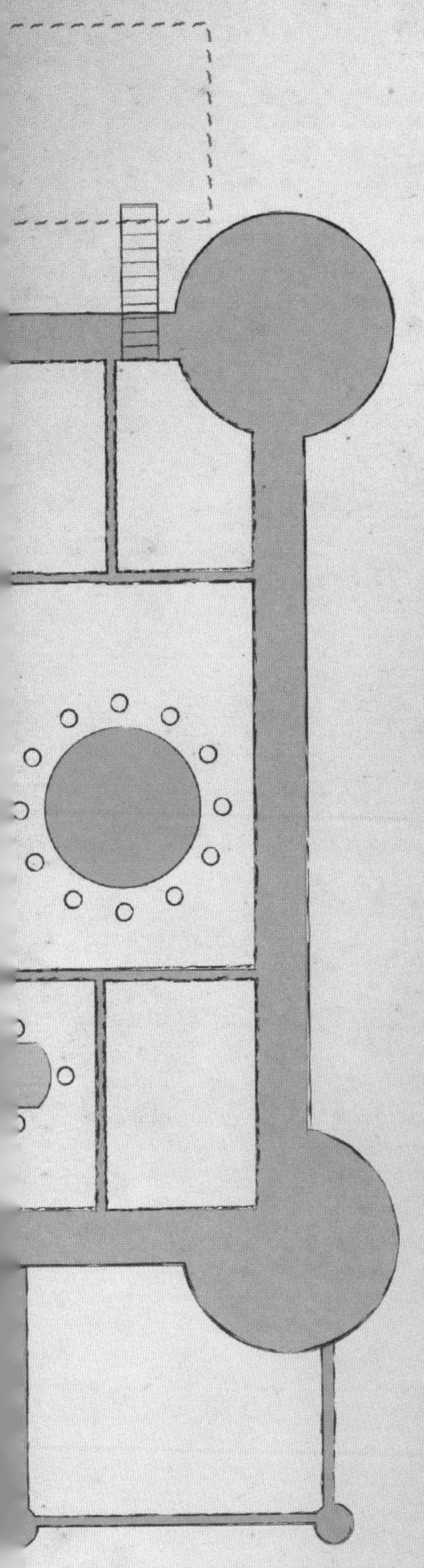

目 录

引　言 玛丽安 · 米尔札哈尼与数学发展现状…… I

我居然是魔法师梅林的后裔…………………………… IV

魔法师梅林日记中的谜题…………………………… VI

谜题 1 保护会堂窗户 ………………………… 001

谜题 2 生日庆祝晚宴 ………………………… 009

谜题 3 修补精巧玩具 ………………………… 017

谜题 4 炫酷礼物包装 ………………………… 025

谜题 5 组出完整蛋糕 ………………………… 033

谜题 6 瓷砖铺满圆桌 ………………………… 041

谜题 7 兰斯洛特迷宫 ………………………… 049

谜题 8 巨石阵壁挂毯 ………………………… 057

谜题 9 疯狂的神秘山 ………………………… 065

谜题 10 卡美洛狂欢节………………………… 073

谜题 11 船只停靠码头………………………… 081

谜题 12 圣杯存储宝库………………………… 089

谜题 13 打碎的坠星石………………………… 097

谜题 14 构建骑士方阵………………………… 105

谜题 15 三十三橡树墓………………………… 113

谜题 16 湖夫人的请求………………………… 121

致谢 ……………………………………………… 128

玛丽安·米尔札哈尼与数学发展现状

大多数人都认为数学是一套行之有效的工具，专门用于回答分析型的问题。数学教育的典型目的是学习应用这些工具来逐步解决有挑战性的问题。这些人认为，数学领域的新思想已近乎枯竭，仅有的几项有挑战性的问题都被隐藏在角落里，被晦涩深奥的技术遮蔽。他们把数学看成一座山（如图 1 所示）。位于最下方的山脚是算术学（arithmetic），即每个人都掌握的四则运算技能。在爬山的过程中，学生们会发现代数学（algebra）、几何学（geometry）、三角学（trigonometry），最终会学到微积分（calculus）等其他数学分支。通往顶峰的旅程会变得越来越困难，能进入到高一阶段的人也变得越来越少。当海拔太高、攀登的过程变得实在令人难以

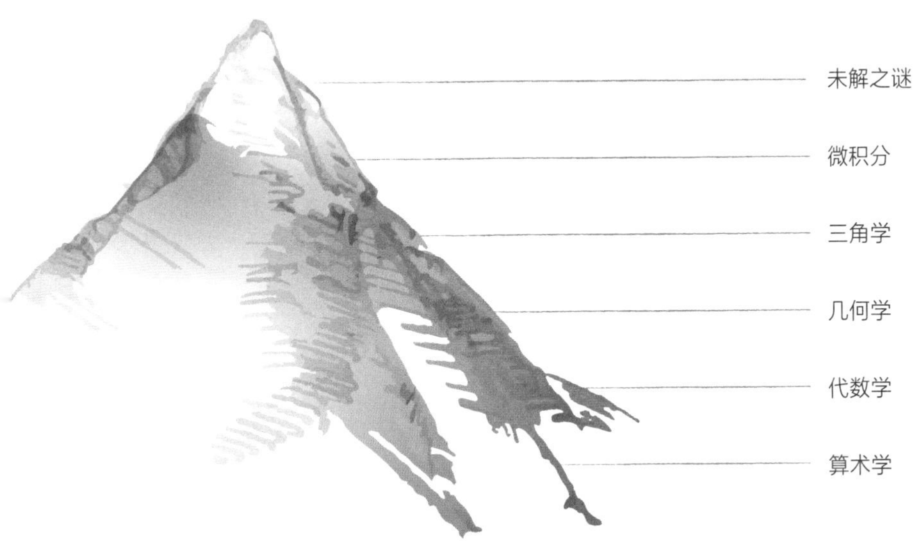

图 1 数学是一座山

愉悦时，大多数人最终会停下脚步。相信大多数人都能准确地记得自己最终停下脚步的地方。从这个角度看，只有少数成功登顶的人才能领会到数学这个神秘世界中仍未被解决的问题。

我们想从另一个角度来审视数学。对我们来说，数学的乐趣并不来自使用一套工具、一步一步地推导公式或是随心所欲地变化方程式。真正的快乐来自探索未知的领域、发现思想之间的新联系、创造出我们自己的新数学。数学不是一座山，而是一个溢出来的冰激凌蛋卷（如图 2 所示）。蛋卷筒是我们在学校学习的、广为人知的数学组成部分。虽然蛋卷筒本身的味道也很好，但它的主要作用是衬托出冰激凌的美味，而冰激凌就是那些未解的数学之谜。越往上吃，冰激凌就越多，数学的每一个新层次都打开了更多尚未解决问题的大门。在最顶端，有大量未解决的挑战等待着人们去品味。

图 2 数学是一个冰激凌

本书的每个故事都像在品尝一次冰激凌。每一个故事都是一个描述简单却极难解决的问题。本书的故事以卡美洛（Camelot）传说为背景展开。每一个问题都像是等待被人拔出的石中剑，是数学魔法师们尚没有掌握的魔法咒语。玛丽安（Maryam）——亚瑟王传说中魔法师梅林的直系后裔——将为我们讲述这一虚构的故事。之所以把主角的名字选为玛丽安，是为了纪念现实生活中的伊朗裔天才数学家玛丽安·米尔札哈尼（Maryam Mirzakhani）。她是迄今为止唯一的获得菲尔兹奖的女性数学家。菲尔兹奖是数学领域的诺贝尔奖，是数学领域最著名、最重要的奖项。不幸的是，米尔扎哈尼于 2017 年因乳腺癌并发症病逝，年仅 40 岁。米尔札哈尼博士陶醉于数学的美妙和深邃，对数学有着永不满足的好奇心。她有时会花上几个小时在地板上涂鸦，画出她想法的示意图。这已成为她的标志性习惯而为人们所熟知。她是这个故事的完美陈述人，是所有喜欢数学奥秘人士的最佳象征。

对于本书提出的问题，虽然我们已经掌握了现代数学的魔法咒语，但与几千年前的魔法师梅林相比，我们并没有离解决这些问题更进了一步。也许你将是解开其中一些谜题的人。你可能会像玛丽安·米尔札哈尼一样，在我们这个时代成为一位杰出的魔法师。

我居然是魔法师梅林的后裔

我叫玛丽安，是一位数学家。请允许我向你讲述整个故事的来龙去脉。

在我很小的时候，我的祖母经常向我讲述卡美洛魔法王国的故事。我爱上了亚瑟王（King Arthur）、桂妮薇尔王后（Queen Guinevere）①、兰斯洛特爵士（Sir Lancelot）② 和其他栩栩动人的那些角色。然而，亚瑟王传说一般都是有关骑士精神、骑士比武、骑士寻龙的故事，但我祖母口中的故事总是围绕着一些奇妙的谜题，涉及形状、图案、模式和数字等方方面面的问题。我最喜欢的角色是魔法师梅林，他总会在事情变得最糟糕的时候出现，被传唤去解决一个看起来不可能解决的问题或解开一个非常复杂的谜题。我祖母知道我对梅林非常痴迷，她在讲故事时经常把梅林和我的名字互换，就好像我是魔法师梅林一样。“圆桌骑士们无法解决这个问题”，我祖母讲到此处，常常双眉紧促，脸上的皱纹清晰可见，“是时候去传唤魔法师玛丽安了。”

我很喜欢祖母讲的这些故事，但真正吸引我的是那些谜题。

---

① 桂妮薇尔是亚瑟王的妻子，亚瑟王执政时期卡美洛王国的王后。——译者注

② 兰斯洛特是亚瑟王最伟大、最受信任的骑士，为亚瑟王诸多胜利做出了重要的贡献。——译者注

我祖母和我曾花费数小时的时间来尝试解决其中的某个谜题。我醉心于其中的很多谜题，到处寻找任何愿意聆听这些谜题的朋友或家人，从他们那里得到解谜的一些思路和帮助。我能解出几个比较简单的谜题，但大部分谜题我都解不出来。无论我表现得多么沮丧、无论我多么大声地抱怨，祖母从来都不告诉我任何一个谜题的答案。“有时候，保持神秘感反而更有趣。”她经常这么说。在她去世之前，也就是我准备上大学的时候，祖母告诉了我一个惊人的消息：根据家族传说，我们是魔法师梅林本人的直系后裔！看到我半信半疑的神情，她拿出一本皮革装订的、破旧不堪的古书，轻轻地放在我的手中。“这是梅林家族世代相传的祖书，”她告诉我，“这是梅林的日记，日记中保存了他全部的力量和魔法。”祖母告诉我，（尽管她承认很多故事背景大多源自她自己的想象）我年幼时痴迷的所有卡美洛谜题都可以在这本日记中找到。我是一个理性的思考者，很难接受她对这本书的玄幻描述。“不要急于否认神话，玛丽安，”祖母语重心长地说，“神话中隐藏着一层真相。”

随着年龄的增长，我因这些谜题所引发的好奇心也变得越来越强。我了解到，数学给了我一种解决谜题的语言，也给了我创造新谜题的自由。我在数学课上学到的每一个新方法都可能为我所用，成为解决梅林困难挑战的工具。这也是我为什么成为一名数学家的原因。

魔法师梅林日记中的谜题

一从祖母手中接过皮革装订的日记本，我便开始仔细研究。我移去了日记中以卡美洛传说为背景的古怪角色和牵强故事，用现代数学语言将梅林书写的所有谜题重述了一遍。其中一些谜题是数学中非常著名的问题，另一些谜题相对就没那么知名了。自被记录在日记上以来，大多数谜题在过去的一千年里已经被解决了。然而，到目前为止，还有 16 个梅林问题尚未被解决。我把这些问题记录了下来，供读者欣赏。

在每个谜题之前，我都撰写了简单的故事。谜题本身是用梅林的语言描述的，梅林的语言言简意赅却又魅力十足。在每个谜题之后，我收集了我所能找到的、与此谜题相关的部分信息：问题的历史背景、涉及的数学知识、当前的研究进展等。有一些问题是数学家近年来才开始研究的，另一些问题的答案数百年来仍然是个谜。

我不知道我是否能活到这 16 个谜题被解开的那一天。这也是我醉心于这些谜题的一部分原因：这些问题都没有简单的答案。我发现我并非孤身一人。数学家常常被问题所吸引，从而走入未知的领域。20 世纪 80 年代，杰出的数学家安德鲁 · 怀尔斯（Andrew Wiles）解决了当时最著名的数学问题：费马最后定理（Fermat’s Last Theorem）[①]。他在10岁的时候第一次了解到了这个问题，并被言简意赅的问题表述所深深吸引。他童年时对这个谜题的热爱不断激励着他，使他孜孜不倦地追求着它的答案。我希望通过分享我家族梅林和卡美洛的故事，能让所有年龄段的读者朋友都爱上数学。

① 费马最后定理，又称费马没有正整数解大定理，由17世纪法国数学家费马提出。费马猜想：当整数 $n>2$ 时，关于 $x \cdot y \cdot z$ 的方程 $x^n+y^n=z^n$。安德鲁 · 怀尔斯于1995年证明了这一猜想。——译者注

谜题 1

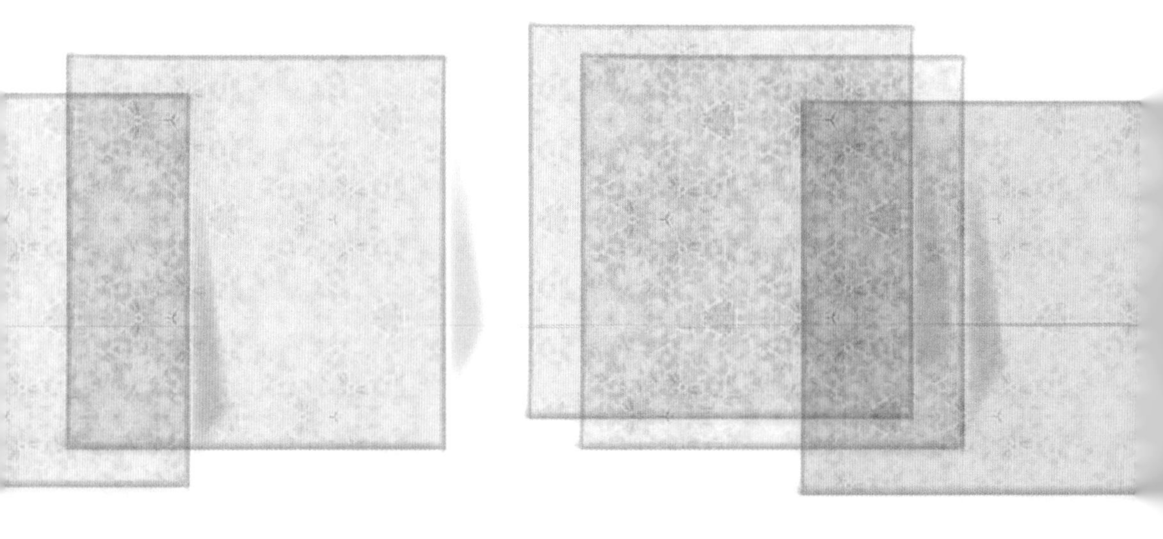

保护会堂窗户

第一个谜题是我最喜欢的挑战之一。我们发现梅林试图用六个小的方格覆盖一个大的方格。在我接受科学教育的过程中，我看到了数学是解决问题的一个非常有效的工具——数学可以帮助探测器登陆火星、帮助计算机战胜象棋大师、帮助智能手机在全世界范围内为我们导航。但更令我惊讶的是，尽管帮助人们成功解决了如此多的问题，数学仍然不能回答这样一个看起来非常简单的问题。

午夜时分，
我被传唤到卡美洛。

满月的月光洒满宏伟的城堡。到达放置王者之剑[①]的大厅时，我注意到了那扇色彩绚丽的彩色玻璃窗。玻璃窗的形状是完美的正方形，尺寸是 201cm × 201cm，但玻璃窗已碎，碎片散落在地板上。

附近有六块方砖，尺寸为 100cm × 100cm，每一块方砖上都镶嵌着古老的图案。亚瑟王问我是否能用这些方砖盖住玻璃窗，保护王者之剑免受来自窗外的窥探。我可以将六块美丽的方砖重叠排布，但不能打碎。

我整晚都在摆弄这些方砖，按照不同的布局摆放它们。然而，即使运用我的魔法和逻辑力量，我也没能成功。

---

① 王者之剑是亚瑟王传说中的魔法圣剑。梅林曾告诉亚瑟王："王者之剑虽强大，但其剑鞘却更为贵重，佩戴王者之剑的剑鞘者将永不流血，你绝不可遗失了它。"但后来亚瑟王还是遗失了剑鞘，最终重伤致死。——译者注

四个单位为 1×1 的正方形组合在一起，刚好可以覆盖一个单位为 2×2 的窗户。如果这个正方形的窗户稍微大一点，就没办法用四个正方形覆盖它了。2000 年，特雷弗·格林（Trevor Green）演示了如何用七块方砖覆盖一个稍大的正方形（如图 3 所示）。

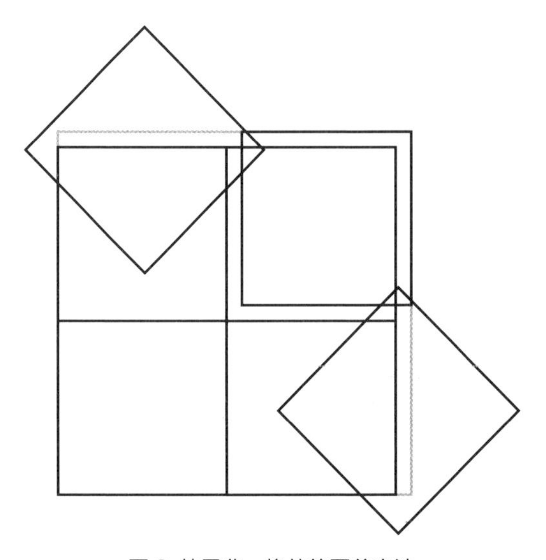

图 3 特雷弗 · 格林的覆盖方法

2009 年，贾努斯 · 詹努谢夫斯基（Janusz Januszewski）证明了无论如何排布，五个正方形的方砖都不足以覆盖比单位 2×2 稍大一点的窗户。正如梅林所述，六个 100cm × 100cm 的方砖是否足以覆盖 201cm × 201cm 的窗户，这一问题仍未得到解决。但六个 100cm × 100cm 方砖的总面积为 60 000cm^2，远比 201cm × 201cm 窗户的面积 40 401cm^2 要大。

然而，几乎不可能排布前几块方砖，而不留下又长又窄的空隙。梅林遇到的问题非常具体，他的问题是许多相似问题中的一个特例：覆盖单位为 $n\times n$ 的正方形所需单位为 1×1 的正方形的最小数量是多少？需要多少个正方形来覆盖不同大小的矩形或三角形？给定固定数量的方砖，它们能覆盖多大的正方形？2005 年，亚历山大 · 索弗（Alexander Soifer）提出了如下猜想：

未解之谜：n^2+1 个单位为 1×1 的方砖最大可以覆盖单位为 $n\times n$ 的正方形。

这些问题仅有极少的确切答案。计算机已经成功找到了一些有效的覆盖方法，但即使对于计算机找到的方法，我们也不知道这些方法是否已经达到最优了。

动笔试一试

谜题 2

生日庆祝晚宴

我最早迷上的数学概念就是质数。如果一个数只能被 1 和它本身整除，这个数就是质数。诸如 3、7 和 11 这样的数就是质数，但 4、9 和 15 都不是质数。质数作为乘法的基本组成部分，几千年来一直吸引着数学家去研究。质数分布规律的研究推动了新技术的发展，甚至衍生出了新的数学分支，但仍有许多问题尚未得到解决。

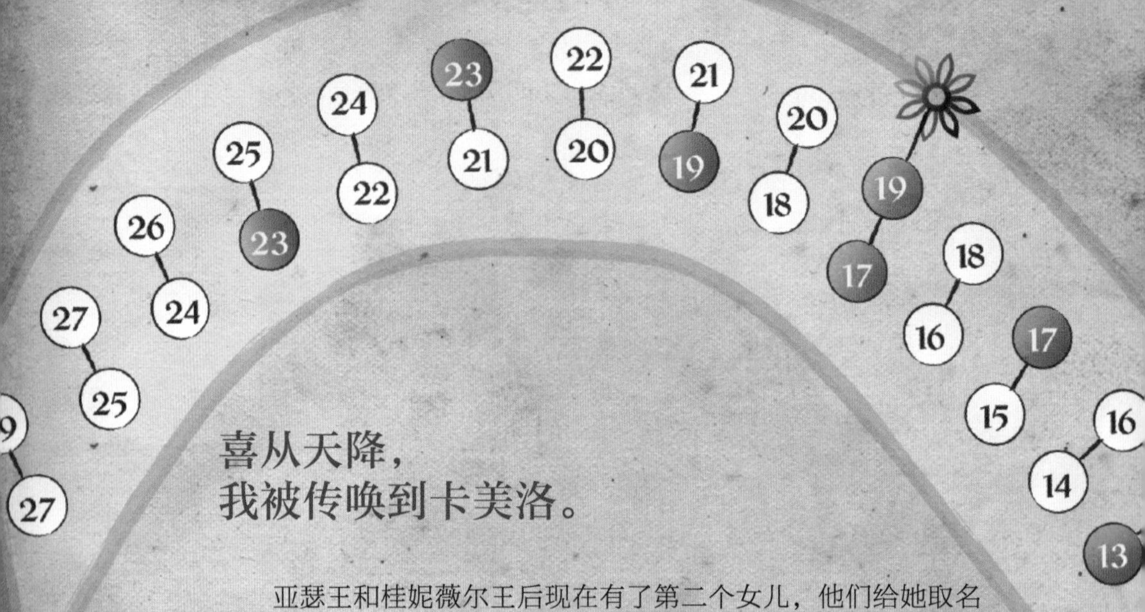

喜从天降，
我被传唤到卡美洛。

亚瑟王和桂妮薇尔王后现在有了第二个女儿，他们给她取名为薇薇安。与他们的长女安娜公主不同，薇薇安公主总是毛发尽竖、怒发冲冠的样子，一看就是一位脾气火爆的小姐。值得注意的是，薇薇安公主与安娜公主是同一天出生的，薇薇安公主比安娜公主整整小了两岁。

为了庆祝这一美妙的日子，国王和王后决定在卡美洛颁布一项新的习俗：每年到了两位公主生日那天，如果哪个女儿的年龄是质数，就为她点一支红蜡烛，否则就点一支白蜡烛。当两个女儿点燃的都是红蜡烛时，卡美洛城会举行盛大的宴会。

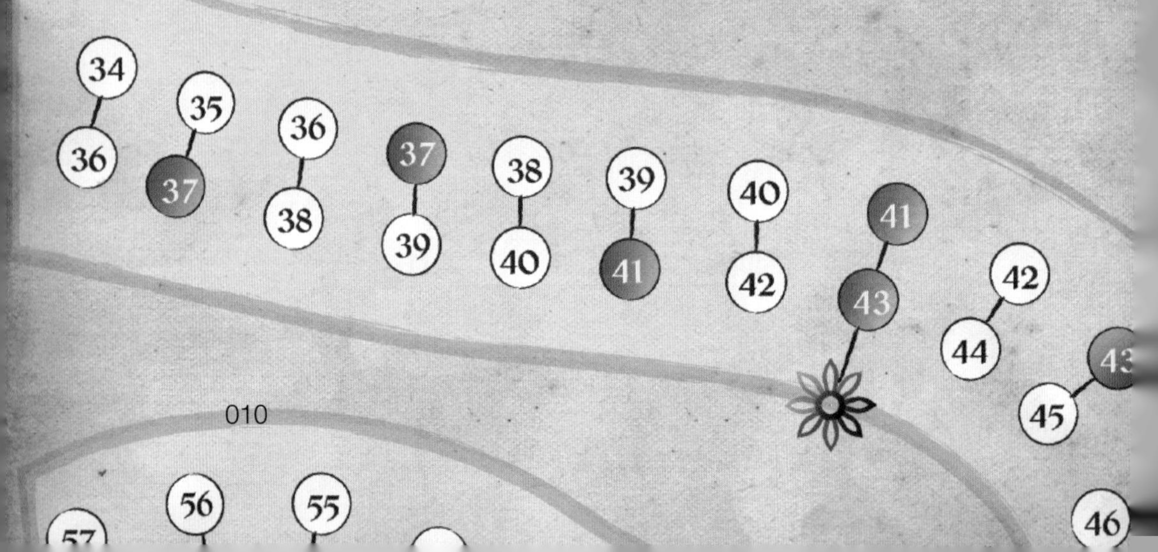

桂妮薇尔王后注意到，随着女儿们逐渐长大，盛大宴会举办的次数越来越少。她想知道，如果这个习俗永远延续下去，宴会庆祝活动是否最终会停止。

多年来，我一直在研究这个谜题，试图寻找质数分布的规律。然而，即使运用我的魔法和逻辑的力量，我也始终无法回答王后的问题。

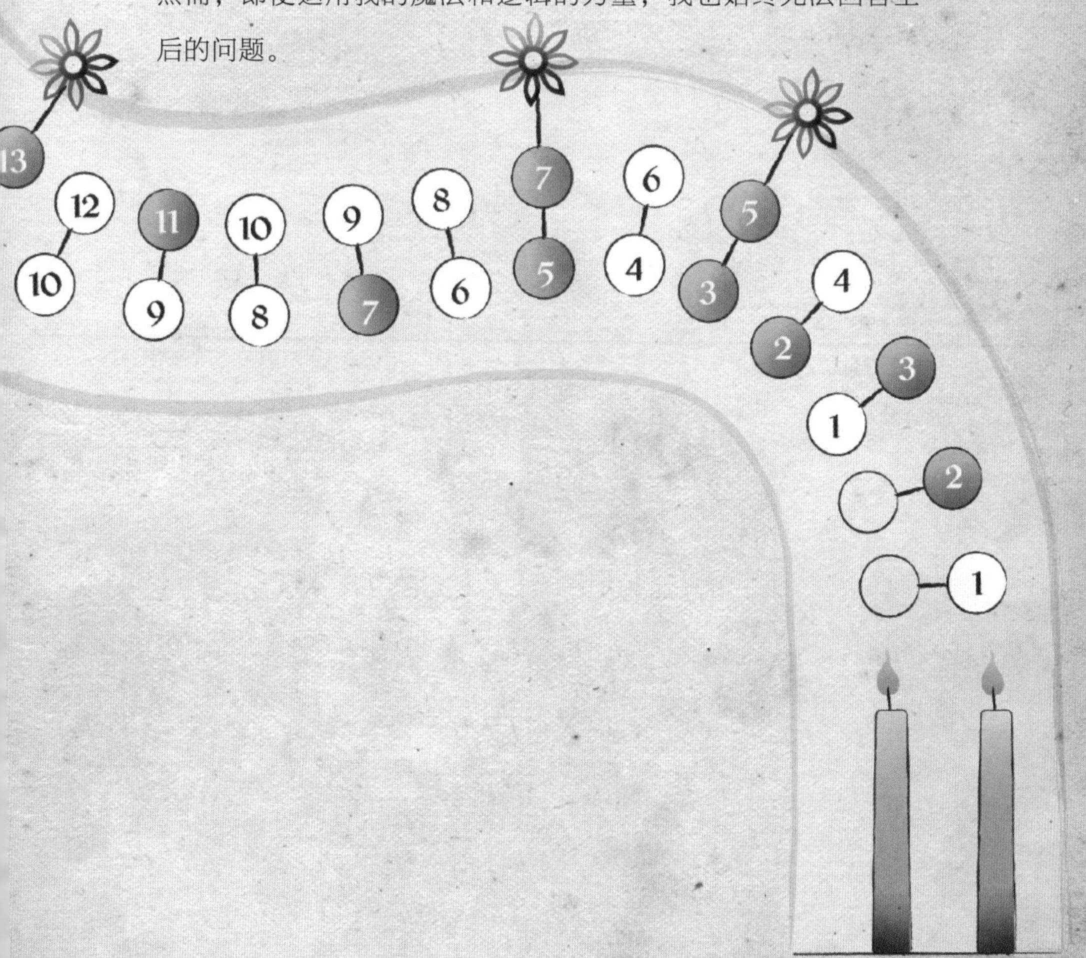

与质数有关的最早发现之一来自伟大的希腊几何学家欧几里得。大约在公元前 300 年，欧几里得将当时所知的大部分数学知识编入了一本名为《几何原本》（*The Elements*）的著作中。书中，他给出了有历史记载的第一个证明：质数有无穷多个。欧几里得认为，如果只有有限多个质数，则可以将所有质数相乘后加一。他可以证明，得到的数既是质数又不是质数[①]。由于一个数不可能既是质数又不是质数，欧几里得得出结论，不可能只有有限多个质数。

公主生日的故事涉及相差为 2 的质数对。相差为 2 的质数对被称为孪生质数。数字较小时，孪生质数很常见，如 3 和 5、5 和 7、11 和 13、17 和 19 等，较大数字中较难找到孪生质数。桂妮薇尔王后的问题是欧几里得结论的一个很自然的扩展问题：既然有无穷多个质数，是否也有无穷多个孪生质数。这个猜想由阿尔方・德・波利尼亚克（Alphonse de Polignac）于 1846 年正式提出：

未解之谜：存在无穷多个孪生质数。

在很长一段时间里，证明或证伪这个猜想的进展都很缓

① 假设只有有限多的 n 个质数，令这些质数分别为 $p_1, p_2, \cdots, p_n$，令 $q = p_1 \cdots p_n + 1$。如果 q 是质数，而 q 不等于 $p_1, p_2, \cdots, p_n$，我们找到了一个新的质数 q；如果 q 不是质数，则必然存在一个质数因子 p 可以整除 q，但 $p_1, p_2, \cdots, p_n$ 均不能整除 q，我们找到了一个新的质数 p。q 既是质数又不能是质数，出现矛盾，假设不成立。因此，质数有无穷多个。——译者注

慢。但在 2013 年，一位之前默默无闻的数学家张益唐（Yitang Zhang）以一项重大突破震惊了整个数学界。张益唐建立了质数间隙的第一个有限界，证明了有无穷多个形式为 $(p, p+N)$ 的质数对，其中 N 是某个小于 7000 万的数。

经过一系列的努力，N 的上限显著减小。目前已知 N 小于 246。如果 $N=2$，则这相当于证明了孪生质数猜想，但 N 是否能到达 2 还有待观察。

动笔试一试

谜题3

修补精巧玩具

这个与玩具和颜色有关的谜题涉及数学中的图论。右图论中，图用于描述一组实体之间的关系，实体本身可抽象为图中的点，而实体之间的关系可抽象为连接两个点的线。图论有着广泛的应用，语言学、化学、计算机科学以及网络分析中均有图论的身影。乍一看，图似乎是一个非常简单的实体。梅林以儿童玩具为载体，以意想不到的方式为读者呈现了图论中隐藏的复杂问题。

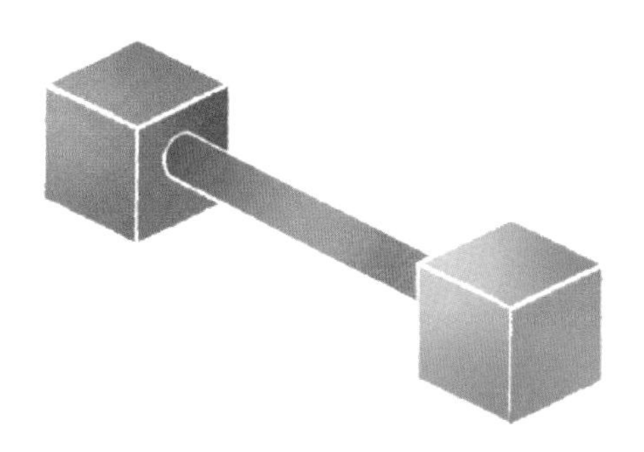

巧夺天工，我被传唤到卡美洛。

薇薇安公主已经 11 岁了，卡美洛城刚刚结束了一场盛大的宴会庆祝活动[①]。两位公主收到了无数的生日礼物，但最有趣的一个礼物是一套非常特别的玩具。这套礼物来自摩根勒菲女巫[②]，她与我有着几乎相同的力量和智慧。

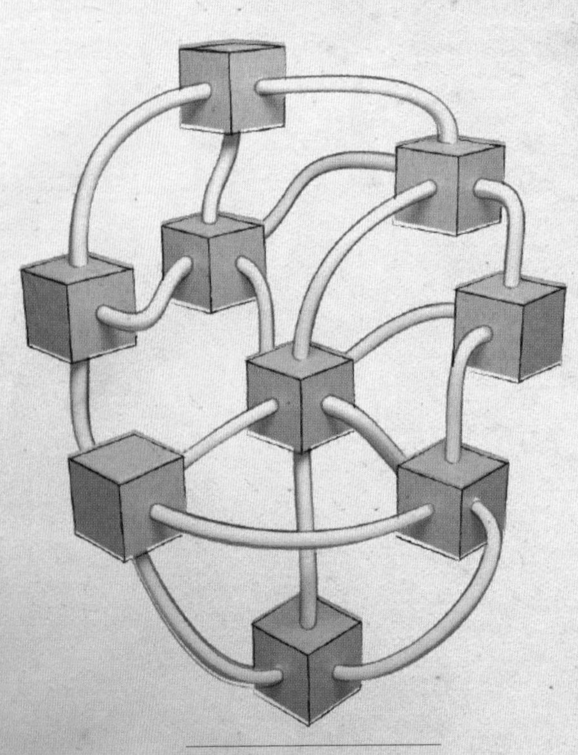

这个由摩根勒菲女巫精心制作的玩具由一些完美的立方体和柔软的管子组成。每一根管子都可以连接两个不同立方体的侧面。薇薇安的玩具上没有上色，可以用管子任意连接不同的立方体。但是，她姐姐安娜的那套玩具上，立方体和管子被涂上了八种不同的颜色。用管子连接立方体时有一个额外的规则：管子和用此管子连接的两个立方体，以及立方体和与此立方体连接的任意两个管子，都必须涂有三种不同的颜色。

① 如前所述，薇薇安公主 11 岁时，安娜公主 13 岁，两位公主的年龄都是质数，因此卡美洛城要举办盛大的庆祝活动。——译者注

② 摩根勒菲是亚瑟王传说中的女巫。她的人物形象一直在发生变化。13 世纪时，此人物被描述成一个博学的美丽女人，但附着邪恶灵魂，掌管着黑暗与死亡。随后，此人物又被描述为拥有治愈和变形能力，是亚瑟王临终时的守护者。后来，此人物又被描述为亚瑟王的近亲，既能用咒语施展魔法，又能在空中飞行，还能变化为各种形体和动物。中世纪晚期，会巫术的人被视为邪恶的人，因此摩根勒菲最终变成了一位运用暗黑魔法做坏事的邪恶女巫。——译者注

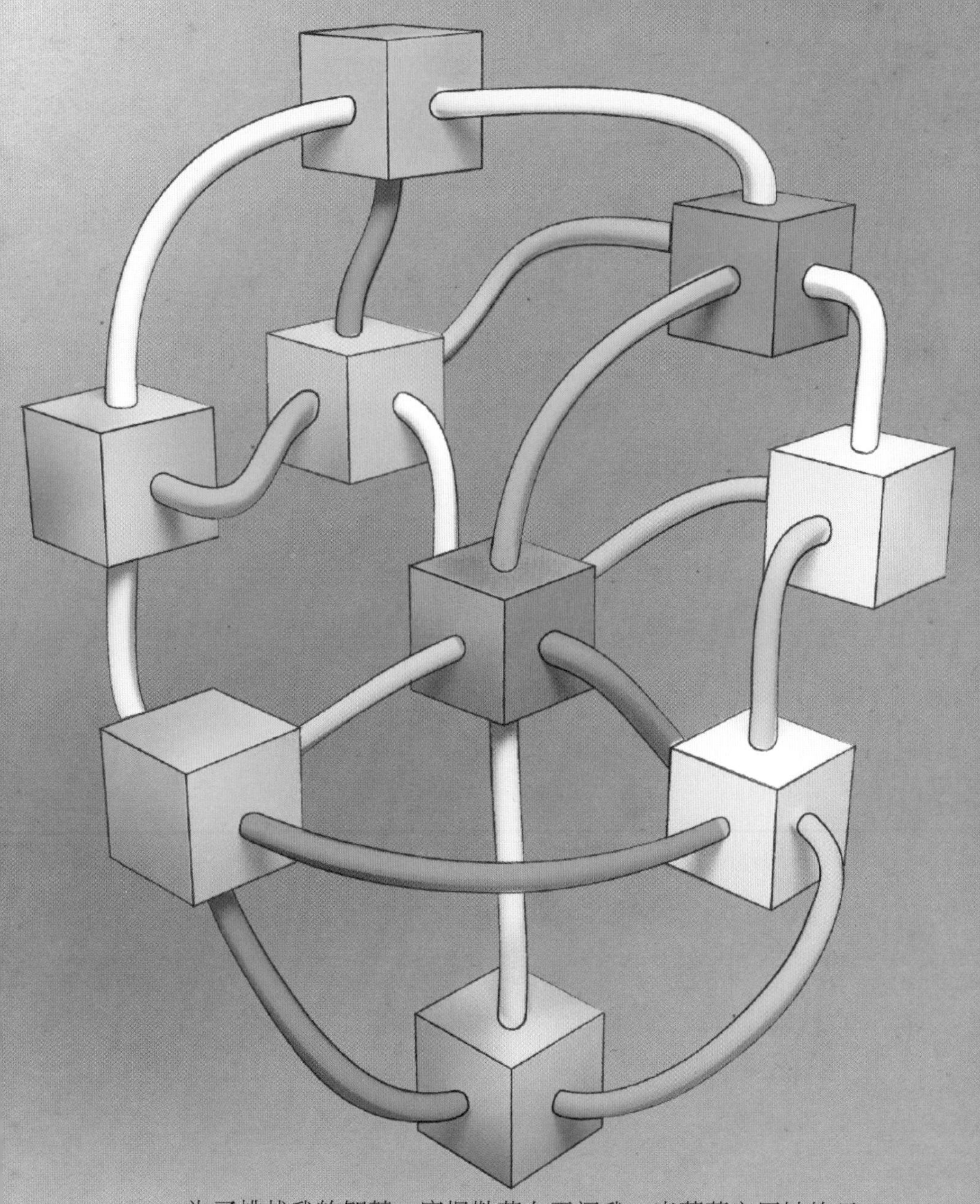

为了挑战我的智慧，摩根勒菲女巫问我，当薇薇安用她的玩具随意连接出任何形状时，是否可以用安娜的玩具，在满足规则的条件下也连接出相同的形状。

我摆弄着这些玩具，想解决这个谜题。然而，即使运用我的魔法和逻辑的力量，也始终无法回答女巫的问题。

用薇薇安未上色的玩具所构建出的形状是图的一个物理表示。在这个故事里，玩具中的立方体是图中的点（或节点）[1]，管子是连接一对节点的线（或边）。由于立方体有六个面，因此在薇薇安创建的形状中，连接到任何一个节点的边永远不会超过六条。

安娜的挑战是找到一种给节点和边上色的方法，使得无论是节点 – 边 – 节点还是边 – 节点 – 边，三个连续的对象上都涂有三种不同的颜色，而安娜的染色包中含有八种不同的颜色。

如果按照这一规则为任何图上色，很显然的一个结论是：如果一个节点包含 E 条边，那么至少要使用 $E+1$ 个颜色来为节点和边上色，即节点染上一种颜色，E 条边中的每一条边都染上一种不同的颜色。然而，单一节点的染色结果会影响相邻节点的染色情况，相邻节点的染色结果又会影响到与相邻节点相邻的节点。因此，单一节点的染色情况将涟漪般传递到图的其余部分，形成复杂的约束条件。

① 数学中一般称图的节点为顶点（vertex）。——译者注

如果 E 表示图中任意一个单一节点的最大边数，我们显然可以很合理地猜测出，对某些图染色所需要的颜色数量会远超 E+1 种。数学家已经证明，最多需要 2E+2 种颜色来为每个图上色。但在 20 世纪 60 年代，迈赫迪 · 贝扎德（Mehdi Behzad）提出了一个更强有力的猜想：

未解之谜：如果 E 表示图中任意一个单一节点的最大边数，而 T 表示着色所需的最小颜色数量，则 $T \leqslant E+2$。

目前，该猜想对于所有 $E \leqslant 5$ 的图都成立。摩根勒菲女巫的谜题涉及另一种情况：当 E=6 时，用 T=8 种颜色来着色是否足够。

动笔试一试

谜题 4

炫酷礼物包装

我们在生活中见到的那些最美丽的几何物体都属于多面体。多面体是一种各个面均为多边形的三维立体。立方体是最典型的多面体之一。在这个谜题中，梅林试图巧妙地用金纸包裹形状不一、大小各异的多面体。这是一个绝佳的例子，通过使用二维纸张覆盖三维物体，形象地展示了二维平面和三维立体之间的相互关系。

春分将至，我被传唤到卡美洛。

春分时节，卡美洛城被数以百计的节日庆祝活动所淹没，礼物不可胜数。根据习俗，每一件礼物都会用一个由扁平木板制成的容器包装起来。不同的礼物需要形状不一、大小各异的包装盒，木板与木板之间的夹角也是有大有小，非常有趣。

然而，如果想将礼物送给国王和王后，就必须要用纯金打造的金箔完全包裹住礼物的木质包装盒。今年，这一枯燥乏味的礼物金箔包裹任务落到了丢勒爵士身上。

丢勒爵士想为每一个礼物剪下一块对应的金箔，用金箔完美地包裹住木质包装盒：金箔完美地包住木板，金箔也不互相重叠。有人问我，无论木质包装盒形状如何，是否总能剪出满足这一条件的金箔。

在春分来临前的几个星期里，我把所有的精力都投入到了这个问题上。然而，即使运用我的魔法和逻辑的力量，也无法回答这个问题。

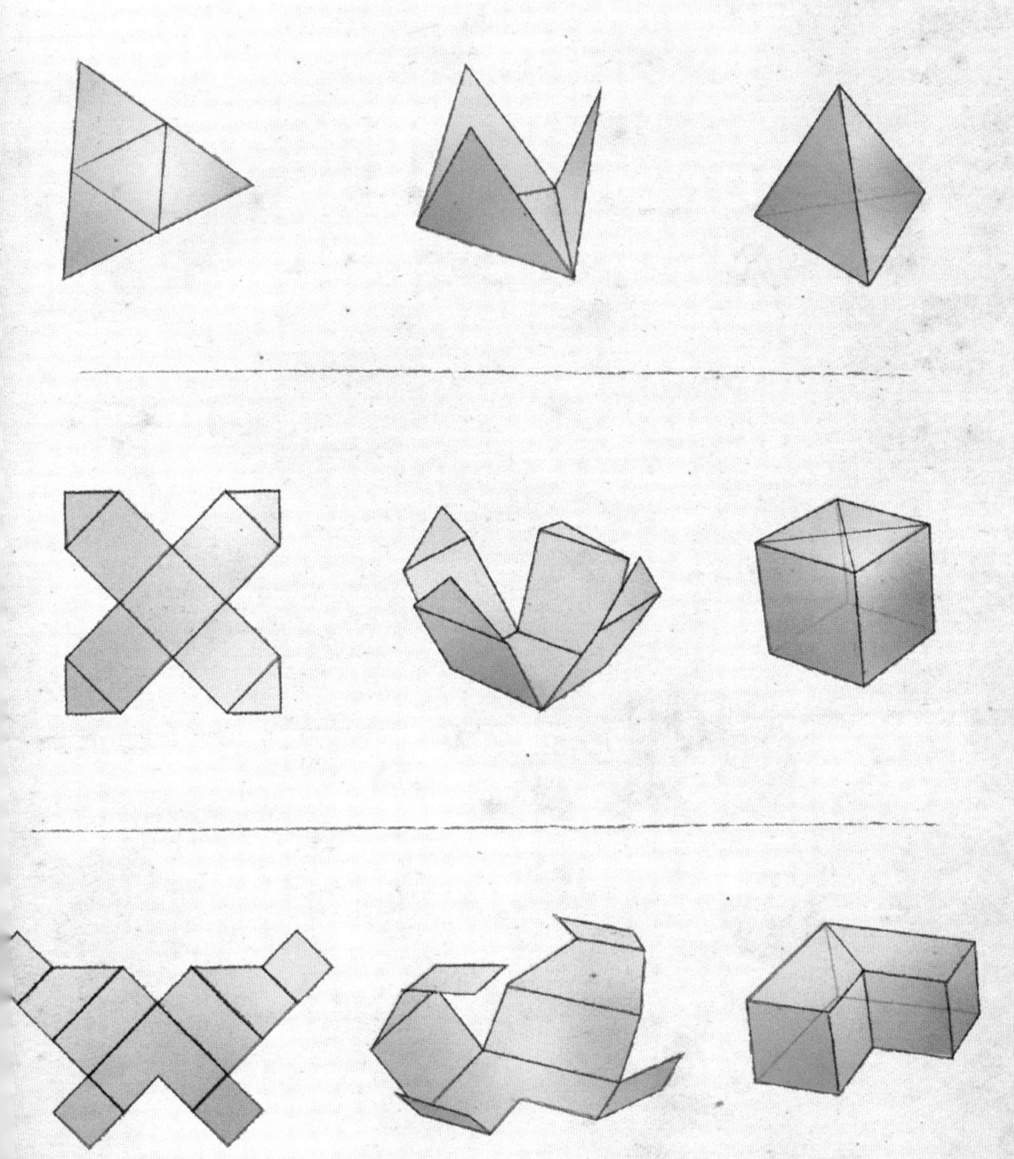

梅林想知道自己能否将一张平整的纸完美地折叠成一个多面体：纸张可以覆盖多面体的所有面，且纸张没有任何重叠部分。反过来看，他的问题是：是否有可能沿着多面体的各个面切割，使其展开成一个不存在重叠部分的单一平面。

未解之谜：每个多面体都可以通过切割展开成一个不存在重叠部分的单一平面。

凸多面体总可以通过切割展开成不存在重叠部分的单一平面。如果在多面体内任意选择两点连线，连线上的所有点仍在此多面体中，则称这个多面体是凸多面体。例如，立方体就是一个凸多面体。但是，如果在立方体某个面的中间再放一个小立方体，则小立方体与大立方体之间存在凹痕，因此整个多面体就是一个非凸多面体（如图 4 所示）。

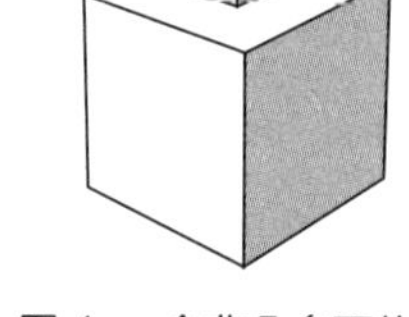

图 4 一个非凸多面体

给定任意一个凸多面体，如何将其展开成不存在重叠部分的单一平面呢？下面是具体方法：在多面体表面上取一个点 P，并在多面体表面上依次寻找点 P 与多面体所有角的最短路径，沿着这些最短路径切割多面体的表面，并在平面上展开。如果多面体是凸多面体，则展开的平面将不会出现重叠部分。这一方法甚至适用于一部分非凸多面体，但遗憾的是，此方法不适用于所有非凸多面体。

16 世纪艺术家阿尔布雷希特 · 丢勒（Albrecht Dürer）提出过一个相关的问题：如果只允许沿着边切割，则可以展开哪些多面体。如果沿着一部分边缘切割多面体后，也能展开成一个不存在重叠部分的单一平面，则称展开的平面为多面体的展开图。丢勒在其 1525 年出版的著作《使用圆规和直尺测量线、面与立体图形的指南》（*Underweysung der Messung mit dem Zirckel und Richtscheyt*）中给出了几个多面体的展开图，其中一个例子是截断四面体的展开图（如图 5 所示）。

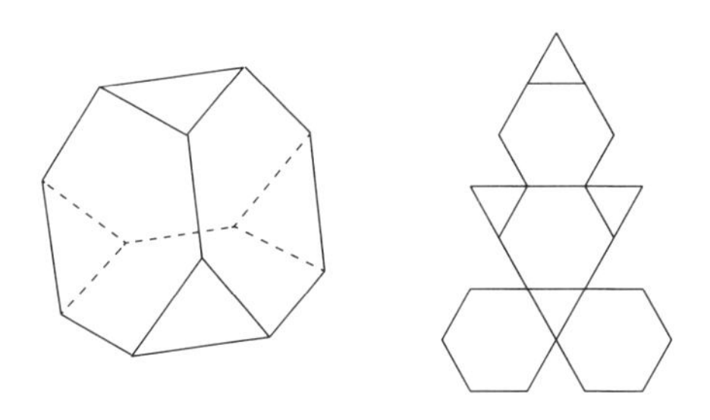

图 5 截断四面体（左）以及此截断四面体的展开图（右）

不仅可以沿着边展开一个截断四面体，还可以沿着边展开其他多面体。1975 年，杰弗里 · 谢泼德（Geoffrey Shephard）提出了一个猜想，是否可以沿着边展开任意一个凸多面体。到目前为止，数学家和计算机科学家为任意一个能够想象出来的凸多面体都构造出了对应的展开图。然而，是否能为所有凸多面体构造出展开图，仍然是一个令人兴奋的公开谜题。

未解之谜：每个凸多面体都可以沿着某些边切割，形成一个展开图。

动笔试一试

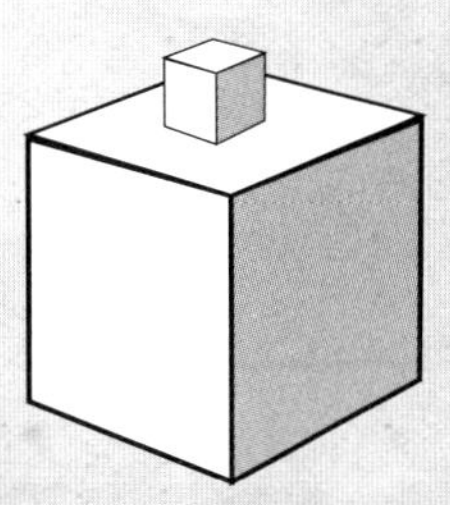

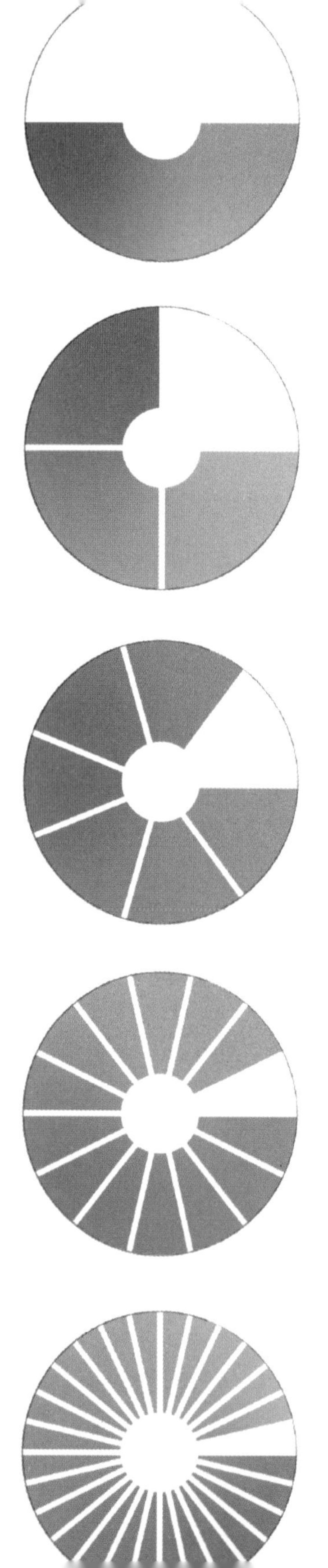

谜题
5

组出完整蛋糕

卡美洛王室是否已经对他们不切实际、诡异无比的庆祝规则感到厌倦了呢？梅林下一个要面临的难题是切蛋糕挑战。蛋糕并不是根据出席的宾客人数来切分的，而是根据周年大典年份的因数，即可以被周年大典年份整除的数来切分的。历史最悠久的一些数学问题一般都与因式分解有关，即将整数写成因数的乘积形式。

周年大典，我被传唤到卡美洛。

卡美洛城的民众自发设立了一个节日，以纪念亚瑟王从石头中拔出王者之剑，成为国王①。为了庆祝这一重要的周年纪念日，卡美洛城的糕点师为国王和他的客人们准备了各种各样精美别致、美味可口的蛋糕，每个蛋糕表示周年数的一个因子。随后，蛋糕按照它们所代表的因子被切分为不同的数量。

由于 1 是所有数的因子，所以总会有一个不需要切分的完整蛋糕。我作为卡美洛的首席建筑师和总理大臣，会享有这个完整的蛋糕。然而，亚瑟王会从每个切好的蛋糕中各取走一块。

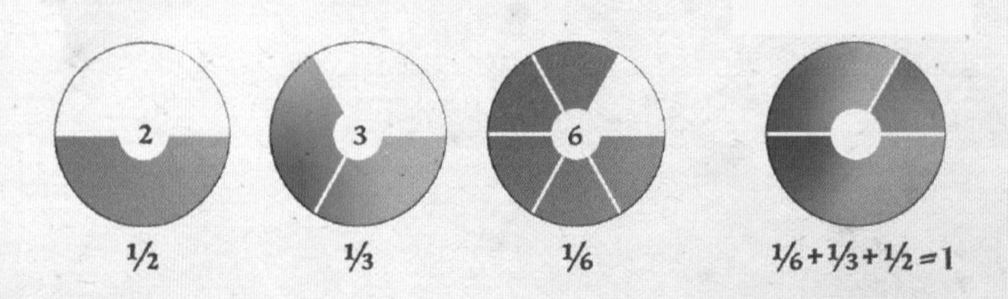

① 亚瑟王传说中出现过两把剑，分别是石中剑（The Sword in the Stone）和王者之剑（Excalibur）。能从石头中拔出石中剑的人就是国王，而佩戴王者之剑的剑鞘的人将永不流血。最开始的亚瑟王传说中，石中剑就是王者之剑，但后来的版本中，王者之剑变成从湖中仙女处得到。此处英文原文中使用的是王者之剑（Excalibur），因此作者认为石中剑就是王者之剑。——译者注

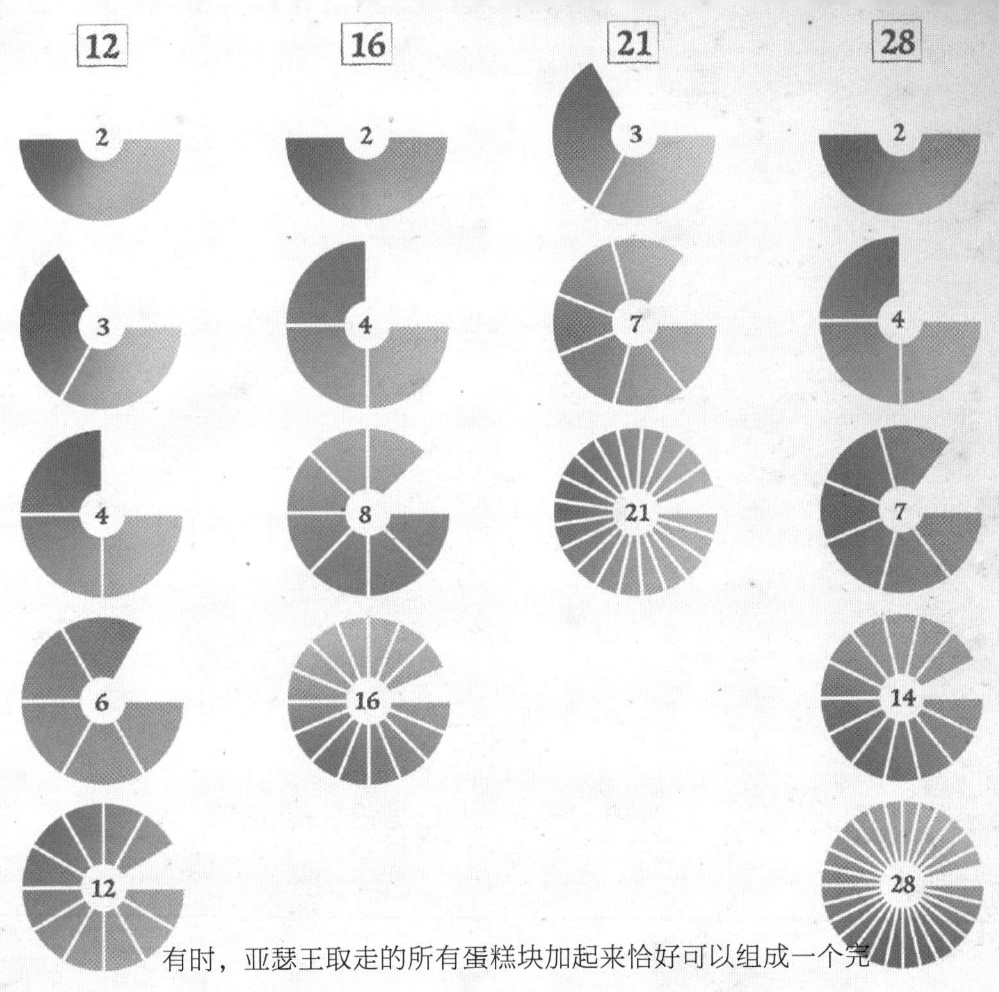

有时，亚瑟王取走的所有蛋糕块加起来恰好可以组成一个完美的蛋糕（如 6 周年纪念日），但在绝大多数情况下，他的所有蛋糕块加起来会超过一个蛋糕（如 12 周年纪念日）或少于一个蛋糕（如 16 周年纪念日和 21 周年纪念日）。亚瑟王注意到，每次他能获得一个完美的完整蛋糕时，总有一块来自代表因子 2 的蛋糕。

亚瑟王问我，是否有可能得到一个完整的蛋糕，但其中一块并不来自于代表因子 2 的蛋糕。

我多年以来一直仔细思考他的问题。然而，即使运用我的魔法和逻辑的力量，也无法告诉他答案。

$\frac{1}{12}+\frac{1}{6}+\frac{1}{4}+\frac{1}{3}+\frac{1}{2}>1$ $\frac{1}{16}+\frac{1}{8}+\frac{1}{4}+\frac{1}{2}<1$ $\frac{1}{21}+\frac{1}{7}+\frac{1}{3}<1$ $\frac{1}{28}+\frac{1}{14}+\frac{1}{7}+\frac{1}{4}+\frac{1}{2}=1$

梅林追求完美奇数蛋糕的故事描述了一个涉及完全数的数学问题。如果一个数等于其所有真因子的和，这个数就是完全数。例如，6的所有真因子为1、2和3（一个数总是这个数本身的因数，但不是这个数本身的真因数）。因为6=1+2+3，所以6是一个完全数。6是一个完全数，亚瑟王得到的也是一个完整的蛋糕：把每一块的大小加起来，可以得到

$$\frac{1}{2}+\frac{1}{3}+\frac{1}{6}=\frac{3}{6}+\frac{2}{6}+\frac{1}{6}=\frac{(3+2+1)}{6}=\frac{6}{6}=1$$

完全数实际上非常稀有。小于100的整数中，只有6和28是完全数。一般来说，如果称一个数是亏数，意味着这个数的因子和小于这个数本身，例如8就是一个亏数：

$$1+2+4<8$$

如果称一个数是过剩数，意味着这个数的因子和大于这个数本身，例如12就是一个过剩数：

$$1+2+3+4+6>12$$

一个数是亏数比它是过剩数的可能性更大，且有无穷多个亏数和无穷多个过剩数。然而，下述问题仍然是个谜：

未解之谜： 有无穷多个完全数。

梅林的问题是，奇数是否有可能是完全数。这指向了下述猜想：

未解之谜：所有完全数都是偶数。

计算机现在可以验证相当大的奇数是否是完全数。但到目前为止，还没有找到任何一个奇完全数。相比之下，偶完全数虽然也非常稀有，但数学家对偶完全数的理解相对更深入一些。虽然写于 2000 多年前，但欧几里得的《几何原本》中记录了偶完全数和质数间的一个重要关系：如果一个形式为 $q=2^n-1$ 的数是质数，那么 $q(q+1)/2$ 是一个完全数。一般称形式为 $q=2^n-1$ 的质数为梅森质数。例如，当 $n=2$ 时，$q=2^2-1=3$ 是第一个梅森质数，而 $q(q+1)/2=(3\times4)/2=6$ 是第一个完全数。当 $n=3$ 时，$q=2^3-1=7$ 是第二个梅森质数，而 $q(q+1)/2=(7\times8)/2=28$ 是第二个完全数。

莱昂哈德·欧拉（Leonhard Euler）在 19 世纪证明：每一个完全数都具有这样的形式。许多形式为 2^n-1 的数不是质数，因此与此形式对应的数也不是完全数。自计算机出现以来，更大梅森质数的搜索进展迅速。截至 2018 年，已知最大的梅森质数，其长度超过了 2400 万位。然而，通过梅森质数只能得到偶完全数。如果真的存在奇完全数，也必须通过其他方法去找到它们。

动笔试一试

谜题 6

瓷砖铺满圆桌

梅林之前曾考虑过用形状覆盖一个实体的问题，现在他需要考虑用形状铺满一个实体的问题。我们经常能看到平铺的瓷砖或者平铺的花纹。不管是浴室瓷砖、厨房墙砖，还是石柱浮雕、壁毯图案，平铺花纹随处可见。在真实世界中，平铺的平面都有大小限制，而数学家们会设想用无限个瓷砖铺满无限大的平面。尽管平面大小存在差异，但真实世界平铺的规则性和有序性，也能从直观上给人们带来数学中蕴含的和谐性与对称性。在本谜题中，亚瑟王让梅林用瓷砖铺满桌子，但得到的平面图案不满足一般意义上的对称性。

雕梁画栋，我被传唤到卡美洛。

圆桌象征着卡美洛的团结和平等。虽然尺寸很大，但圆桌毕竟只是一张木桌。因此，亚瑟王想用复杂的瓷砖图案来装饰圆桌。

先考虑使用简单形状的瓷砖，如包含两种颜色的正方形瓷砖。可以把正方形瓷砖对齐平铺，构建出对称图案；也可以通过交错放置瓷砖来破坏对称性，这样一来，从不同角度看，桌子上的图案也会有所不同。

亚瑟王听说附近王国有一位叫彭罗斯爵士的骑士用瓷砖创作了一幅杰作。彭罗斯作品的美不在于瓷砖所具有的颜色，而在于

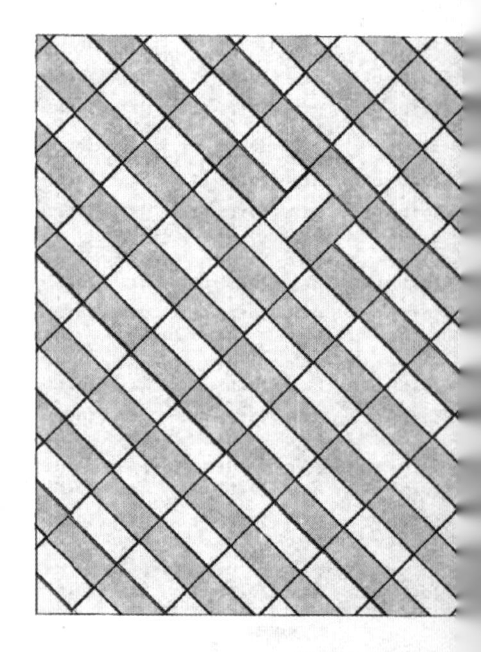

瓷砖所具有的形状。彭罗斯向我们展示，虽然使用这两种不同颜色的类方形瓷砖可以拼接出对称或者非对称的图案，但使用这两种特殊瓷砖拼接出的平铺图案满足非对称性。

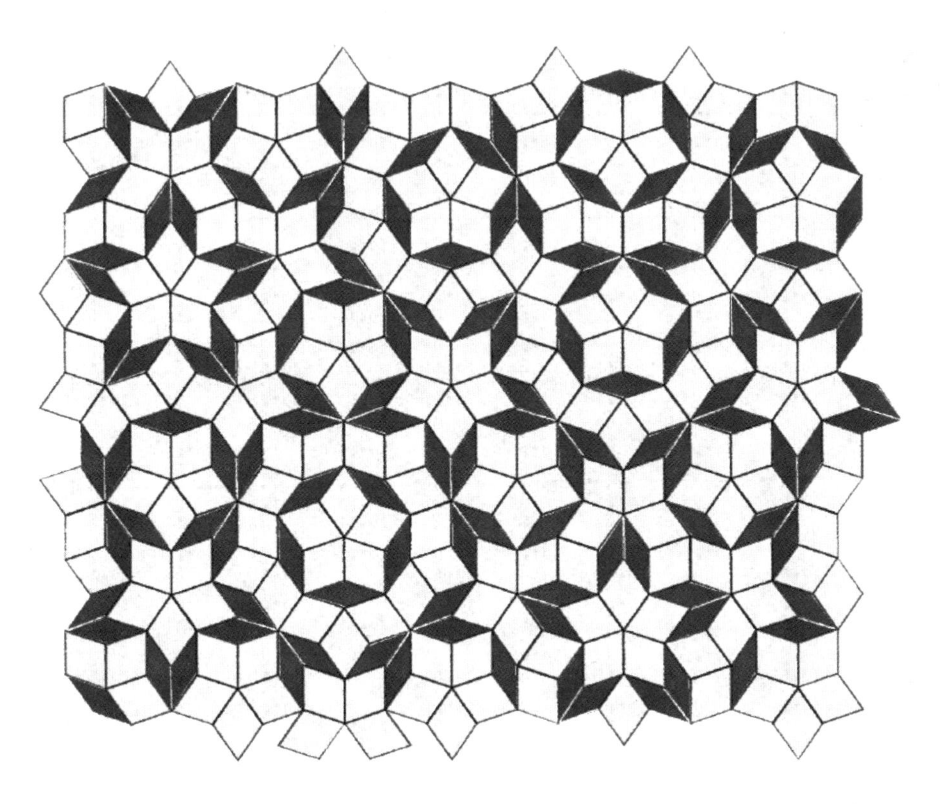

为了象征卡美洛的团结与统一，亚瑟王想要一种特殊形状的瓷砖，这种瓷砖能达到彭罗斯用两种瓷砖所达到的效果：不管怎么摆放在圆桌上，用这种瓷砖拼接出的平铺图案总是非对称的。

我钻研其中，希望设计出如此别致的瓷砖。然而，即使运用我的魔法和逻辑的力量，也从未成功做到过。

无论在现实世界还是在数学世界中，我们经常遇到的平铺图案满足周期性。换句话说，它们都具有平移对称性：如果适当地平移整个平铺平面，总能找到一种平移方法，使平移后的平铺平面与原始平铺平面完全对齐。无论从制造角度（如浴室瓷砖）还是从美学角度（如石柱浮雕），这种对称性都能带来很大的帮助。然而，并非所有的平铺图案都满足周期性。

梅林在本谜题中提到，错位放置正方形瓷砖会破坏平铺的对称性。显然，问题源于铺砖工人的操作不当，而不源于瓷砖本身。在通常情况下，只需要重新排列一下瓷砖，平铺图案就又可以满足周期性了。然而，我们不禁要问，是否存在某种形状的瓷砖，其平铺图案天生就无法满足周期性。一般称这种平铺图案满足非周期性。

找到构建满足非周期性平铺图案的瓷砖，其困难来自两个方面。首先，必须能用瓷砖铺满整个平面，满足这一要求就已经很困难了。然而，更困难的是，瓷砖必须具备特殊的形状，防止平铺图案满足周期性。因此，能得到非周期平铺图案反而感觉有些不可思议。

第一个非周期平铺图案是在 1964 年由罗伯特·伯杰（Robert Berger）发现的，这一平铺图案使用了 20 426 个不同的瓷砖形状。从那以后，人们逐步发现使用更少瓷砖形状的非周期平铺图案。1973 年，物理学家罗杰·彭罗斯（Roger Penrose）将所需的瓷砖形状减少到 2 种。他实际上发现了两组瓷砖形状，分别可以得到两种不同的非周期平铺图案：风筝 – 飞镖平铺图案[①] 和棱形平铺图案（后者出现在梅林的故事中）。通常要在彭罗斯瓷砖上标注记号，或在瓷砖的边上设置凹口，以指定瓷砖之间的摆放方法[②] 如图 6 所示。

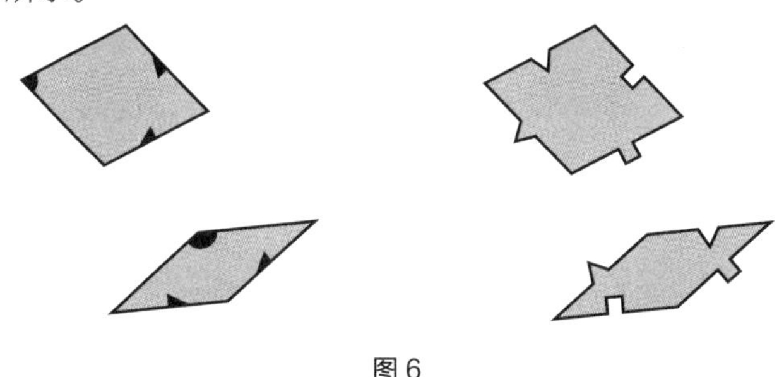

图 6

彭罗斯证明，他的形状可以平铺整个平面，但风筝 – 飞镖瓷砖和棱形瓷砖的微妙形状设计致使得到的平铺图案不满足周期性。自彭罗斯的工作以来，数学家们一直在寻找一种单一的连通形状，使得对应的平铺图案满足非周期性。但目前为止，数学家们尚未找到此种瓷砖形状。

未解之谜：存在单一的连通形状，使得到的平铺图案满足非周期性。

① 在风筝 – 飞镖平铺图中，“风筝”瓷砖看上去就像风筝一样，“飞镖”瓷砖则像简化版的隐形轰炸机。——译者注

② 风筝 – 飞镖瓷砖和棱形瓷砖都可以用记号表示瓷砖之间的摆放方法。风筝 – 飞镖瓷砖的摆放方法很多，因此难以使用凹口表示方法。凹口表示方法一般适用于棱形瓷砖。——译者注

动笔试一试

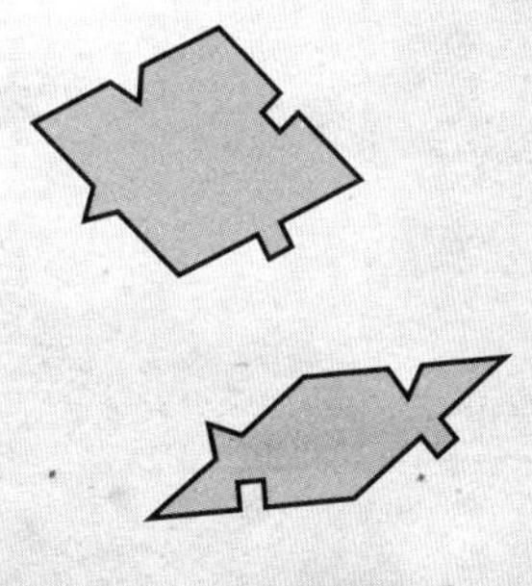

谜题 7

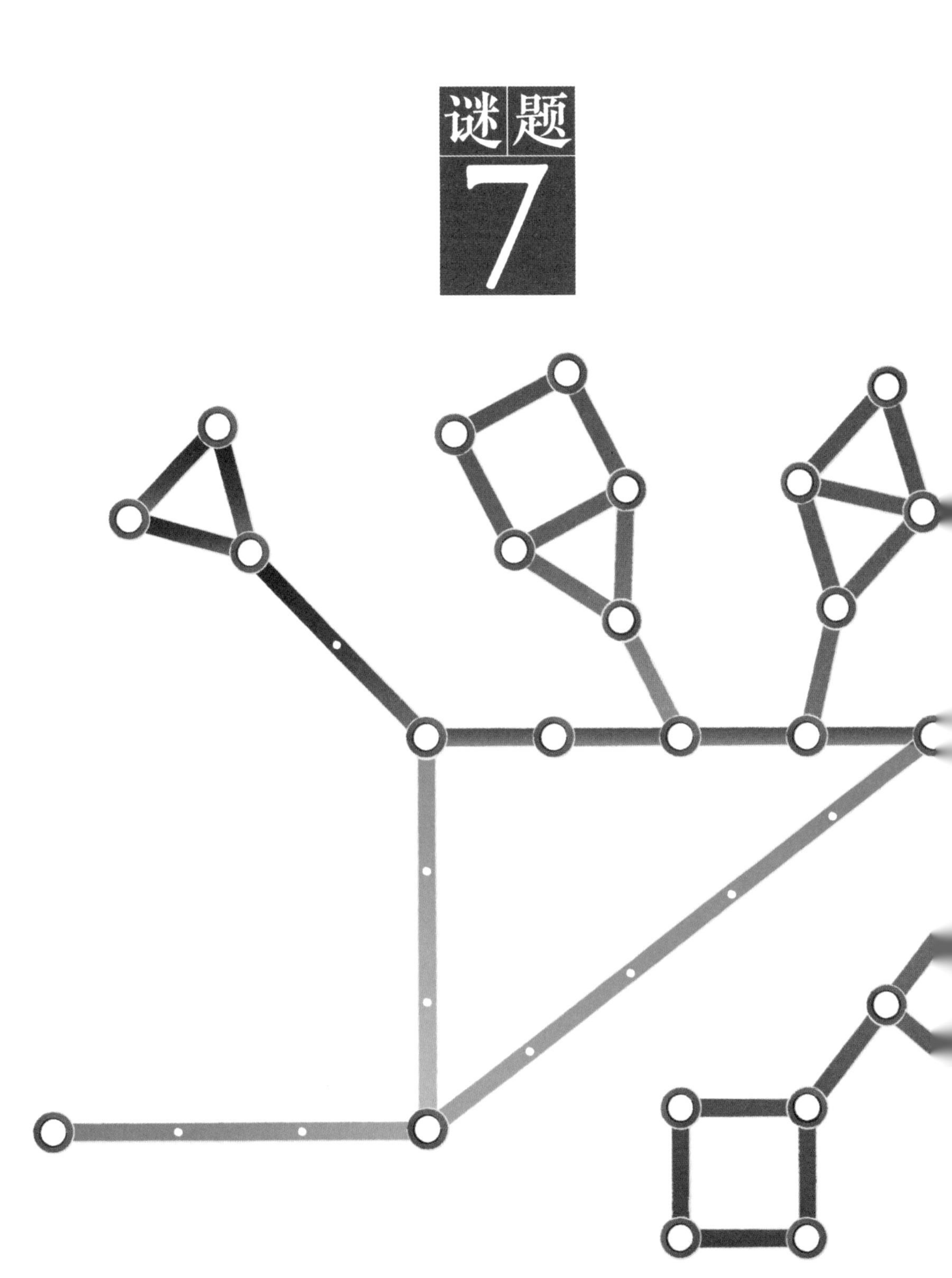

兰斯洛特迷宫

这个谜题结合了我最喜欢的两个领域：数学和涂鸦。如果可以把一个图在纸上绘制出来，使得图的各个边互不相交，则称这个图是一个平面图。有很多绘制平面图的方法，把图的所有节点放在纸上，用不相交的边连接所有的点。在这次挑战中，梅林好奇是否能画出各个边均为直线且各个边的长度均为整数的平面图。在挑战的过程中，梅林注意到桂妮薇尔王后对兰斯洛特爵士很感兴趣[①]。

① 在亚瑟王传说中，兰斯洛特是桂妮薇尔王后的情人，两人的私情间接导致了王国的分裂。——译者注

盘根错节，我被传唤到卡美洛。

兰斯洛特爵士在战斗中用剑和矛展现了他的勇往无前。但对他来说，要想成为传说中的圆桌骑士[①]，最终的挑战在等待着他：穿越迷宫。根据一直以来的传统，迷宫由笔直平坦的道路组成，道路只在原型的交叉点交汇。他们在设计一个巧妙的迷宫，每条道路上都设置了兰斯洛特必须跨过的致命障碍。

桂妮薇尔王后询问我是否可以修改迷宫的终版设计图，让每条道路的长度都是 10 的倍数，因为 10 是桂妮薇尔王后最喜欢的数字。她希望图中相同道路的交汇点与原始设计图一样保持不变，但我可以改变道路和交汇点的位置。

我发现桂妮薇尔对兰斯洛特有着非同寻常的兴趣。但我暂时放下了好奇心，试着找到修改迷宫的方法。然而，即使运用我的魔法和逻辑的力量，我也无法回答王后的问题。

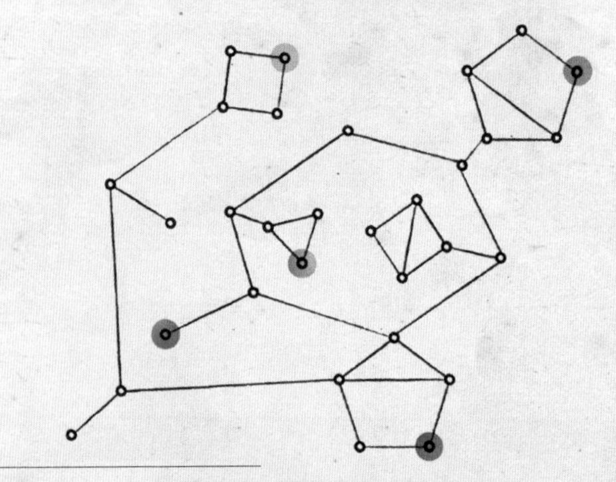

① 圆桌骑士是亚瑟王传说中亚瑟王所领导的最高等的骑士。——译者注

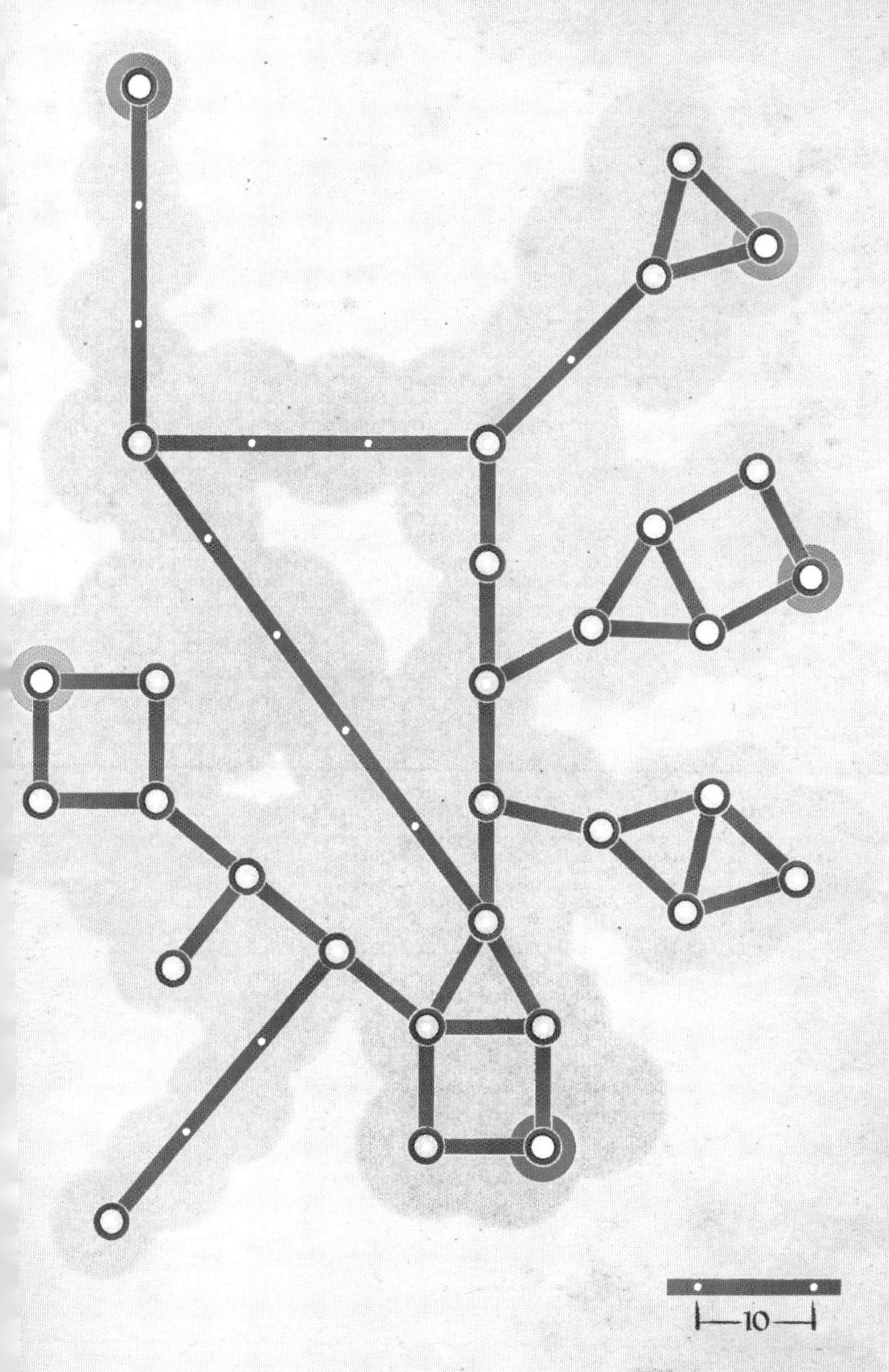
10

这是另一个与图论相关的故事。本故事聚焦于平面图。例如，五角星图是一个平面图，因为可以把五角星图重绘为五边形。K_5 图由 5 个节点组成，每个节点相互之间都由一条边相连。K_5 图不是平面图（如图 7、图 8 所示）。

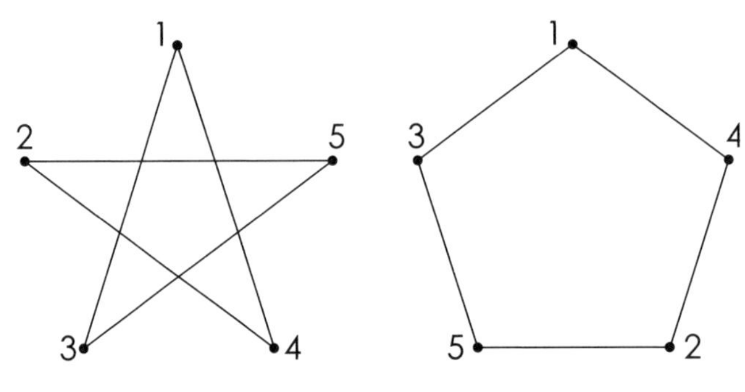

图 7 五角星图

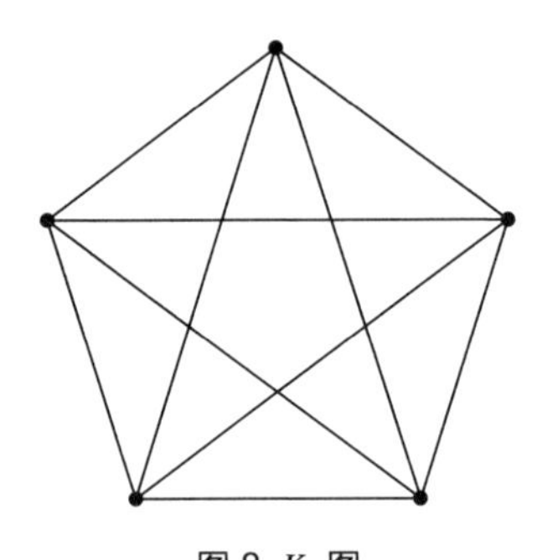

图 8 K_5 图

出于审美或其他实际原因，通常用曲线绘制平面图的边。但在 20 世纪中期，伊斯特凡・法利（István Fáry）、克劳斯・华格纳（Klaus Wagner）和谢尔曼・斯坦（Sherman Stein）分别独立地证明不一定必须用曲线绘制平面图的边。如果一个图是平面图，则可以仅用直线段绘制此图，这个结论现在被称为法利定理。在 20 世纪 80 年代，海科・哈博斯（Heiko Harborth）提出了一个更强的猜想：

未解之谜：每个平面图都可以用长度为整数的直线段绘制。

本谜题中，兰斯洛特要挑战的迷宫是一个平面图，道路的交汇点是图的节点，充满危险的道路是图的边。如果梅林确信自己可以用整数长的边重绘迷宫图，就可以将图放大 10 倍，创建出所需的迷宫设计图。

尚未证明一般情况下的哈博斯猜想，但哈博斯猜想对于二分图和 3- 正则图（或称立方图）等特殊类型的图是成立的。其中，二分图的节点可以被分为两个集合，使得所有的边连接的都是一个集合中的节点与另一个集合中的节点，而 3- 正则图中每个节点都包含三条边。

动笔试一试

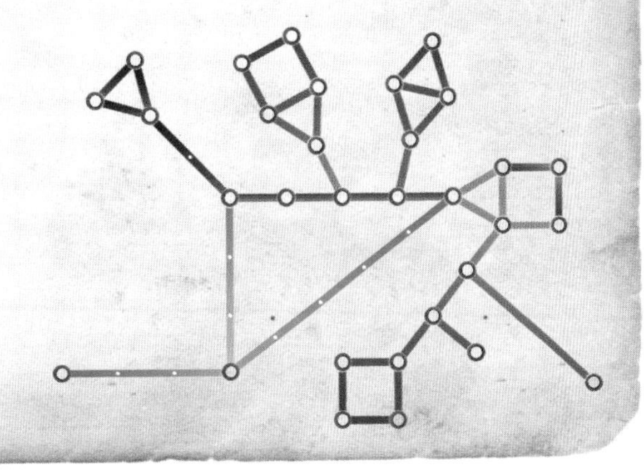

谜题 8

巨石阵壁挂毯

梅林的日记中多次出现了与图论有关的谜题。这一次，梅林又将面对一个图论挑战。在上一个谜题中，梅林需要考虑所有类型的平面图。与之相比，本谜题感觉更合理一些：找到一个满足特定条件的图。这一直是我最喜欢的谜题之一。为解决这个谜题，我在笔记本上画满了一页又一页的图，试图找到满足特定条件的那个图。值得注意的是，这个谜题还提到了神秘的史前巨石阵。

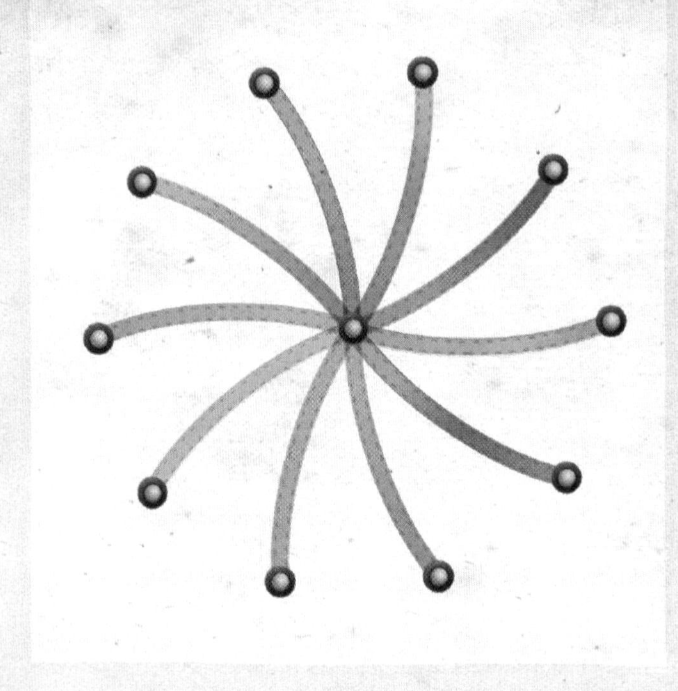

为了艺术，我被传唤到卡美洛。

人们策划了一个活动，以纪念兰斯洛特爵士在迷宫中精彩绝伦的表现。卡美洛全境民众都接到了一条命令，要为每一位圆桌骑士制作一幅精美的壁挂毯。这些壁挂毯会被挂在史前巨石阵的巨大柱子上，供所有人观赏。

每幅壁挂毯上都要缝上带有异国情调的彩色绸带，绸带的两端挂着闪闪发光的珍珠。绸带可以以任何形式排列，但每对绸带必须恰好相遇一次：要么相互交叉，要么挂着相同的珍珠。

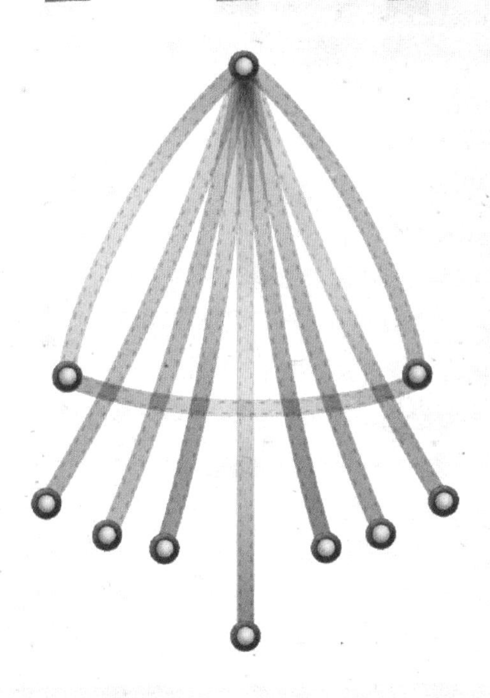

工匠康威制作了许多绚丽无比的壁挂毯，以供圆桌骑士们选择。然而，亚瑟王注意到，每一幅壁挂毯上的珍珠数量至少和绸带一样多。为了纪念兰斯洛特的成就，亚瑟王让我为他设计一幅特别的挂毯：符合壁挂毯的规则，但绸带数量要比珍珠数量多。

我暗中许诺要在节日开始前制作出这样一幅壁挂毯。然而，即使运用我的魔法和逻辑的力量，也没能成功。

当绘制一个图所对应的平面图时就会发现，图的一部分明显特征与绘制方法有关，另一部分明显特征可能是图本身具备的固有性质。一般来说，数学家们都希望对图进行简化，以更加清晰地反映节点和边之间的关系。然而，对图进行简化并不是本谜题的目标。

壁挂毯的设计方法反映了图的一种特殊绘制方式。数学家约翰·康威（John Conway）[①] 将其命名为米线图 [②]。米线图中的每一对边都只相遇一次，要么相互交叉，要么与同一个节点相连接。例如，拥有三个节点和三条边的三角形图就是一个米线图。一个七边形不是一个米线图，但由七边形改成的七角星图就是一个米线图（如图 9 所示）。

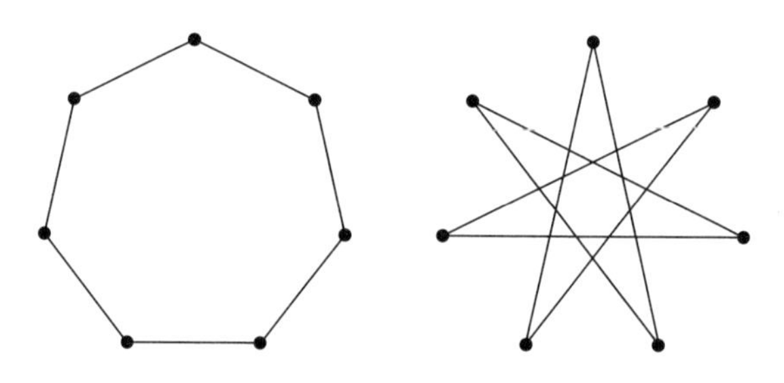

图 9 七边形图内嵌的米线图

① 不幸的是，数学家约翰·康威于 2020 年 4 月 11 日因新冠肺炎（COVID-19）逝世，享年 82 岁。——译者注

② 约翰·康威将图的这种绘制方式命名为“Thrackle”，这是康威生造出来的词。因为这种图画出来的样子很像一碗米线，因此网友 @ 大老李将其命名为“过桥米线图”。本书遵循这一翻译方法，将“Thrackle”翻译为“米线图”。——译者注

现在我们知道，除了四边形外，每个多边形都可以用米线图表示。不过，证明这一点需要用到非常复杂的数学知识。梅林的问题是康威提出的下述猜想：

未解之谜：米线图的边数量不可能多于顶点数量。

保罗·爱多士（Paul Erdős）证明，当边都为直线时上述猜想成立，但一般情况下的猜想尚未得到证明。数学家们在逐渐改进边数量和节点数量比值的上界：截至 2017 年，已经证明，包含 n 个顶点的米线图，其边的数量不会超过 $1.3984n$。

动笔试一试

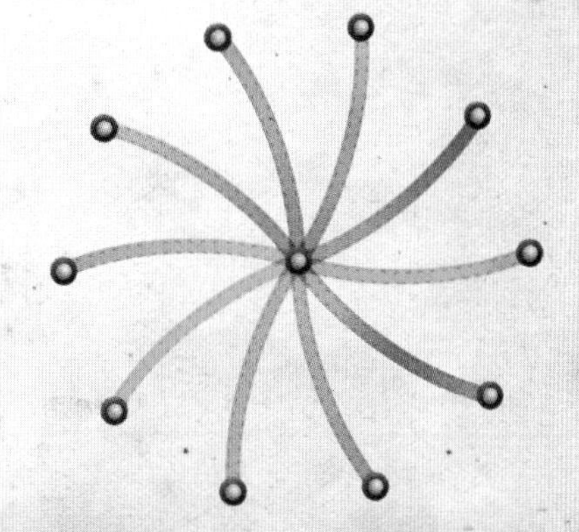

谜题 9

疯狂的神秘山

卡美洛城看起来如此奇异而又神秘，这座城市真的与那个著名的寻找圣杯的传说有关联吗？我的理性很难让我接受这样一个听起来匪夷所思的传说。本谜题中，梅林希望找到一个特殊的数，就像之前的谜题是找到一个特殊的图形一样。这一次，梅林要找的数不能等于两个质数之和。

重中之重，我被传唤到卡美洛。

亚瑟王听到一个谣言，称失传已久的圣杯就在神秘山的另一边。不幸的是，通往山另一边的唯一路径是山下的一条狭窄通路。这条通路在山的另一边分为两路，指向两个不同的出口。

有消息说，巫师哥德巴赫正在保护圣杯。他疯狂地诅咒所有从山下经过的人。然而，众所周知，这个男巫师有个怪癖：哥德巴赫痴迷于矩形，他认为矩形代表绝对有序的状态和至高无上的权力。

因此，亚瑟王计划让士兵们组成两列矩形纵队，按照这一队形通过这条狭窄的通路。每列纵队都将沿着一条分岔路走向对应的出口。每列士兵由两名圆桌骑士带领，一名在前、一名在后。虽然这四名圆桌骑士对哥德巴赫的巫术免疫，可以毫发无损地到达通路的出口，但士兵们可能会被咒语所迷惑，不受控制地随机向一个出口进发，破坏原有的队列划分方法。

亚瑟王想知道应该往山下派遣多少士兵，使得在分岔路上无论士兵如何不受控制地选择出口，至少一队士兵可以完美地排列成矩形队列，在咒语的诅咒下之下寻找圣杯。

我被这个谜题弄得快发疯了。然而，即使运用我的魔法和逻辑的力量，也无法回答亚瑟王的问题。

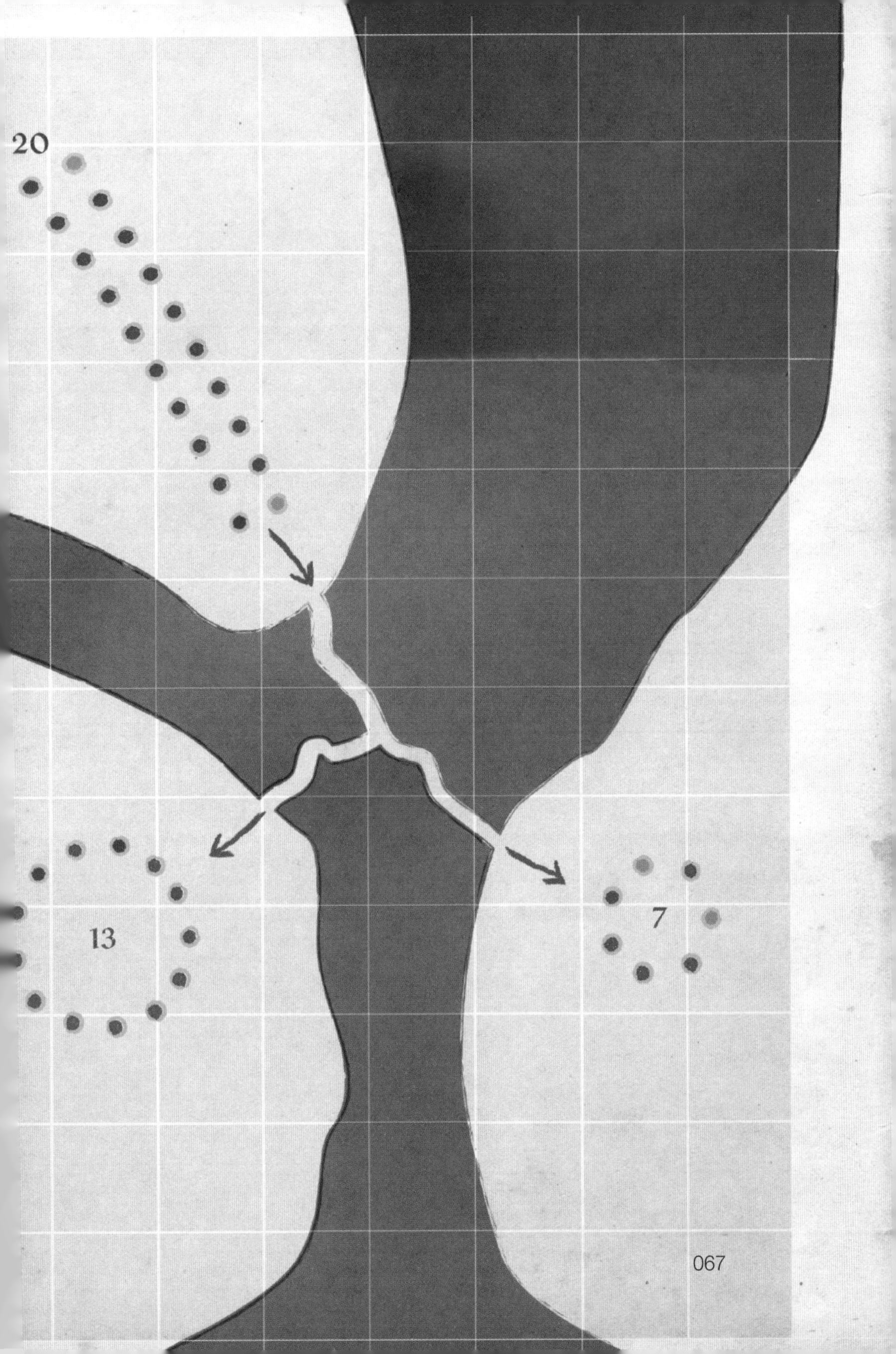
20
13
7

是什么因素决定了梅林应该派遣多少士兵进入山下通路？其中一个要求是，最初士兵要按两列纵队行进，因此梅林必须派出偶数名士兵。另一个要求则更具挑战性：梅林希望保证士兵在分岔路上被分成两组后，至少一组仍能组成矩形队列。只有当两组士兵的数量均为质数时，两组士兵才都不能组成矩形队列。例如，如果一组有 12 个士兵，则这组士兵可以组成 3 × 4 的矩形队列。但如果一组有 13 个士兵，则这组士兵无法组成矩形队列，只能排成一列纵队。

问题在于，虽然梅林知道进入山下通路的士兵总数，但他无法预测士兵在分岔路上如何分组。例如，如果梅林决定派遣 24 名士兵，他们在分岔路上被分为 15 人一组和 9 人一组，则这两组士兵都可以组成矩形队列。如果士兵被分成 21 人一组和 3 人一组，则第一组士兵可以组成矩形队列，而第二组无法组成矩形队列。然而，如果士兵被分成 17 人一组和 7 人一组，那么这两组士兵都无法组成矩阵队列。

为了防止出现无法组成矩阵队列的情况，梅林必须找到一个不能表示为两个质数之和的偶数，但找到这样的偶数极为困难。

4 = 2 + 2	18 = 5 + 13
6 = 3 + 3	20 = 7 + 13
8 = 3 + 5	22 = 5 + 17
10 = 5 + 5	24 = 7 + 17
12 = 5 + 7	26 = 7 + 19
14 = 7 + 7	28 = 5 + 23
16 = 5 + 11	30 = 7 + 23

继续这样找下去后会发现，似乎每个偶数都可以表示成两个质数的和。这一计算结果促使克里斯蒂安·哥德巴赫（Christian Goldbach）于 1742 年提出下述猜想：

未解之谜：大于 2 的所有偶数都可以表示为两个质数的和。

感谢计算机的帮助，2013 年的计算结果表明，所有小于 4 000 000 000 000 000 000 的偶数都可以表示成两个质数的和。然而，哥德巴赫猜想至今仍未被证明。

动笔试一试

谜题 10

卡美洛狂欢节

这是梅林最后一次尝试解决图论谜题了。这次，梅林将注意力转向了一种特殊类型的图：树。这一特殊类型的图在制图学、遗传学、数据存储等所有表示信息组织方式的领域都有着重要的应用。这一谜题涉及如何小心谨慎地为树的节点做标记。我小时候对这个谜题非常痴迷。我会画一棵小树，试着按照规则为树的节点做标记。标记起来并不简单，总需要把之前的标记改来改去。

圣杯回归，我被传换到卡美洛！

卡美洛城策划了一场竞演如火如荼、美食琳琅满目、人民欢歌载舞的盛大庆典，来庆祝这一荣耀时刻。依照传统，工人们搭起不同高度的帐篷，所有帐篷由悬挂在帐篷杆之间的横幅连接起来。当两顶帐篷用一条横幅连接在一起时，工人们把两顶帐篷的高度差称为横幅的落差。卡美洛城的庆典活动需要支起 15 顶高低不同的帐篷，帐篷之间用 14 条横幅连接，每条横幅的落差也各不相同。

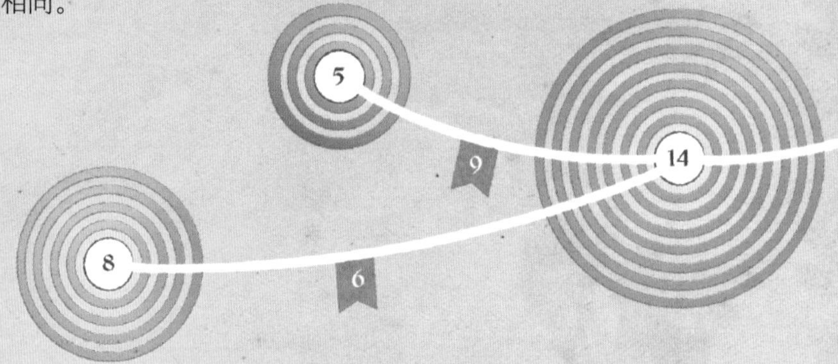

为了纪念圣杯归位，亚瑟王邀请了摩根勒菲女巫在卡美洛城附近的布罗塞瑞安森林组织这场节日盛典。摩根勒菲女巫计划将 100 顶帐篷用 99 条横幅连接起来。

亚瑟王问我，无论摩根勒菲如何布置帐篷和横幅，是否总能让这 100 顶帐篷的高度取遍 1 码到 100 码 [①]，且每条横幅的落差也各不相同。

---

① 码是英制中的长度单位，1 码约等于 0.9144 米。——译者注

在庆祝活动开始前的几个星期，我全身心投入到这个谜题当中。然而，即使运用我的魔法和逻辑的力量，也无法回答亚瑟王的问题。

与之前的一些谜题相同，本谜题描述的是图论中一个尚未解决的问题。如果可以沿着边从图中的任意一个节点到达图中的另一个节点，则称这个图是连通图。如果每对节点之间只有一条连通路径，则称此连通图是一棵树。一棵树的边数总比这个数的节点数小 1。因此，如果一棵树有 n 个节点，可以将各个节点分别编号为 1, 2, 3, ⋯, n，将各条边分别编号为 1, 2, 3, ⋯, $n-1$。如果对一棵树的节点和边进行编号，使得每条边的编号等于此边所连接节点的编号差，则称此树是优美的（如图 10 所示）。

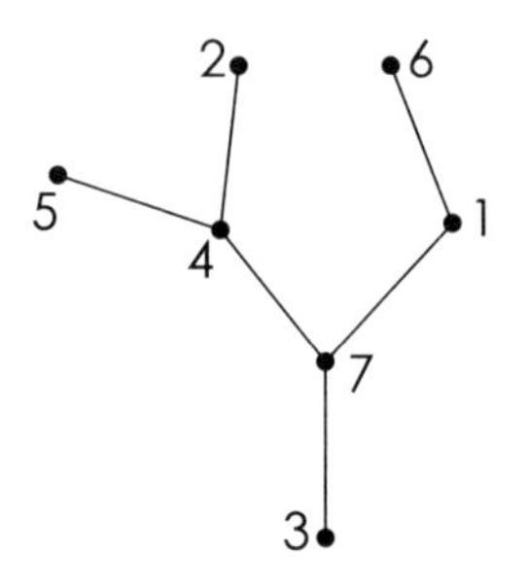

图 10 一组优美编号

梅林日记中 15 顶帐篷布置方法描述了树的一组优美编号：帐篷的高度对应节点的编号，横幅的落差对应边的编号。

梅林要回答的问题是，是否有可能为一个更大的、包含 100 个节点的树构建优美编号（因为所有帐篷都必须连接在一起，且横幅数量比帐篷数量少 1 个，因此摩根勒菲的布置结果必须是一棵树）。给定一棵包含 100 个节点的树，构建树的优美编号是一项艰巨挑战。如果无法事先知道摩根勒菲的布置方法，所有可能的编号方法不胜枚举，从中找出优美树也就变得难上加难。然而，在 20 世纪 80 年代初，杰拉德 · 林格尔（Gerhard Ringel）和安东 · 科齐格（Anton Kotzig）提出了下述猜想。

未解之谜：所有树都是优美的。

通常可以用“分而治之”的方法来解决与树相关的问题：将一棵树分解为较小的树，并将小树上成立的结论扩展到大树上。不幸的是，此猜想似乎无法用“分而治之”的方法来解决：对树的一部分编号进行较小的修改，往往需要对整棵树的编号进行大范围的修改。一个分布式计算项目[①]已经验证出，所有节点数小于 35 的树都是优美的。但节点数量 35 远小于卡美洛狂欢节中的节点数量 100。

① 此项目的名称为“优美树验证项目”（Graceful Tree Verification Project），由华人数学家方文杰发起。2010 年 2 月 21 日，此项目验证了所有包含 35 个节点的树，它们都是优美树。

动笔试一试

谜题 11

船只停靠码头

数学家致力于抽象概念，观察某种情况下的某种性质，并将此性质推广到另一种情况。一个简单的例子就是加法：数字相加的概念可以推广到数组相加中。尽管谜题本身不太相同，但这个谜题与上一个谜题所面临的情况相似：两个谜题在小数量级（15 顶帐篷、10 对皮艇）下都成立，但在大数量级（100 顶帐篷、200 对皮艇）下就变得非常复杂。

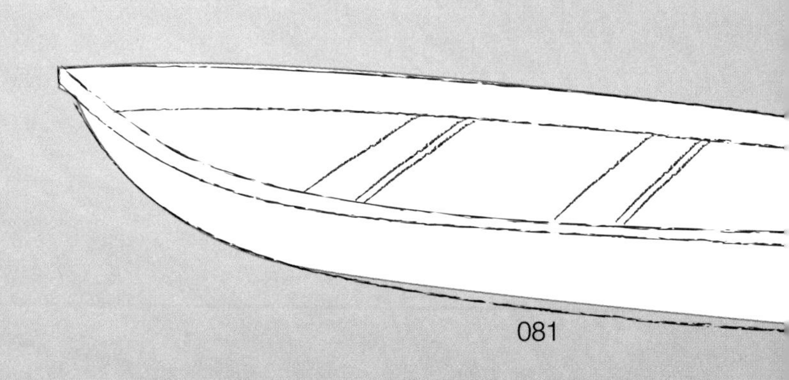

水泄不通，我被传唤到卡美洛。

卡美洛湖包含一大片水域，湖边设立了 3 个码头，分别位于巨石阵、卡美洛城堡以及神秘的阿瓦隆岛。共有 10 艘大小不等的皮艇和 10 艘大小不等的客艇：有单座皮艇和与之对应的单座客艇，也有 10 座皮艇和与之对应的 10 座客艇。10 艘皮艇与客艇的座位数量分别为 1 座到 10 座。

每天傍晚，这些船会在三个码头停靠，完成维修和清洁工作。几年前，我想出了一个为船分配码头的绝妙方法。第一，每个码头要停靠座位数量相同的皮艇和客艇。第二，码头上每艘皮艇的座位数量不能等于此码头上停靠的任意两个皮艇和客艇的座位数量之和。下图给出了应用我的分配方法后，船只在三个码头之间

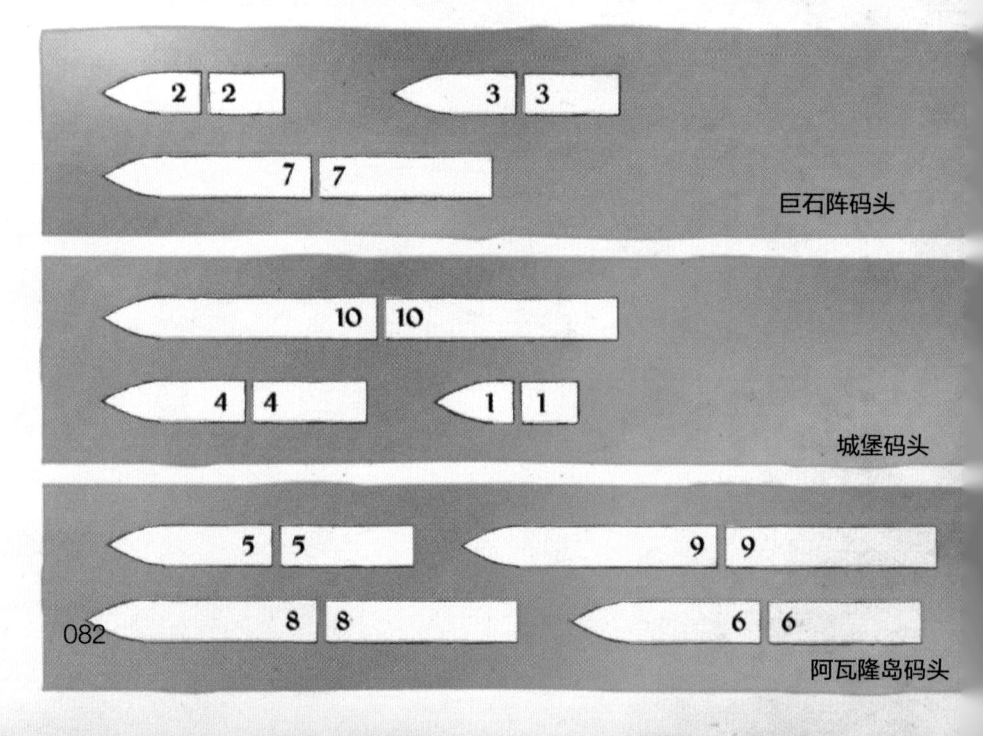

的停靠情况。请注意，巨石阵码头上皮艇和客艇的座位数量之和可能为 4、5、6、9、10 和 14。

圣杯回归后，大批游客涌入卡美洛城，我们的船只不堪重负。国王和王后决定增加卡美洛湖的船只数量和码头数量，将之前的三个码头增加到现在的五个码头，将之前的 10 对船只增加到现在的 200 对船只。他们问我是否仍然可以用我的绝妙方法将这 200 对船只停靠在 5 个码头上：在每个码头中，每只皮艇的座位数量不能等于此码头上停靠的任意两个皮艇和客艇的座位数量之和。

我把自己全部的精力都投入到这个谜题上。然而，即使运用我的魔法和逻辑的力量，也没能成功。

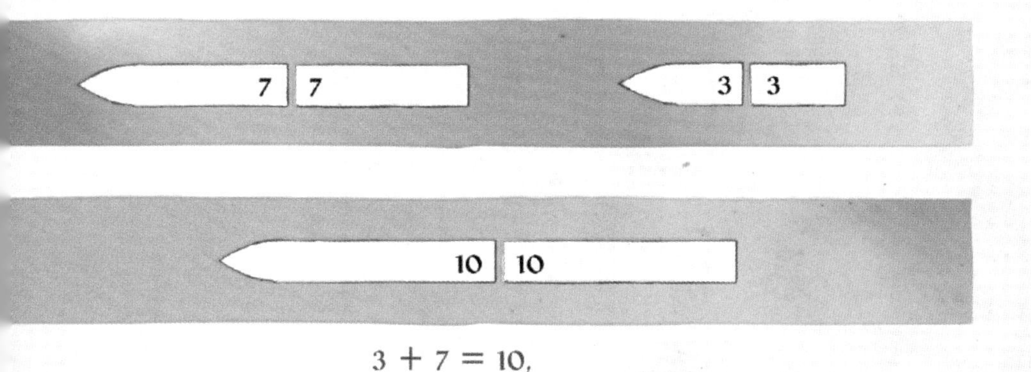

我们可以用一个数字集合 S 构建出另一个集合 $S+S$，新集合中的元素由集合 S 中两个数字的和组成。例如，如果 $S=\{1, 2, 3\}$，则 $S+S=\{2, 3, 4, 5, 6\}$，因为集合 S 中所有可能出现的数字之和为：

$$
\begin{aligned}
1+1&=2\\
1+2&=3\\
1+3&=4\\
2+2&=4\\
2+3&=5\\
3+3&=6
\end{aligned}
$$

很容易想到，S 与 $S+S$ 可能包含相同的数字，例如上述例子中的 2 和 3。如果 S 与 $S+S$ 未包含任何相同的数字，则称 S 是无和集。

梅林的日记中，皮艇的座位数就是集合 $S+S$ 所包含的数字，而皮艇和客艇的座位数之和就是集合 S 所包含的数字。例如，在巨石阵码头，$S=\{2, 3, 7\}$，而 $S+S=\{4, 5, 6, 9, 10, 14\}$。梅林的码头分配方法规则（码头上每艘皮艇的座位数量不能等于此码头上停靠的任意两个皮艇和客艇的座位数量之和）要求每个码头上停靠的皮艇构成一个无和集。

在 20 世纪早期，伊萨海·舒尔（Issai Schur）开展了对无和集的研究。他对下述问题非常感兴趣：给定整数 k，如果可以把数字 $1, 2, 3\cdots, n$ 划分为 k 个无和集，则 n 最大可以等于多少。一般称 n 为第 k 个舒尔数，记为 $S(k)$。

举个简单的例子。我们可以通过遍历得到 $S(2)$ 的值。先把数字 1 放在 2 个集合中的任意一个集合内，将数字 1 所在的集合记为集合 A。由于 1+1=2，因此数字 2 必须被放在另一个集合中，将数字 2 所在的集合记为集合 B。此时，数字 3 可以被放在任意一个集合内。如果把数字 3 放在集合 A 中，则数字 4 既不能被放在集合 A 中（因为 4=3+1），又不能被放在集合 B 中（因为 4=2+2）。如果数字 3 被放在集合 B 中，则可以把数字 4 放在集合 A 中。由于 5=1+4=2+3，因此数字 5 不能被放在任意一个集合中。至此，我们枚举出了所有可能的数字放置方法，故 $S(2)=4$。

随着 k 的增大，所有可能的数字放置方法激增，因此无法使用得到 $S(2)$ 的方法来遍历得到更大的舒尔数。梅林的码头分配方法说明 $S(3)$ 至少等于 10，但实际上 $S(3)$ 要比 10 更大一些：$S(3)=13$ 。我们目前也知道 $S(4)=44$。除了这几个舒尔数外，其他 $S(k)$ 的值仍然是未知的。可以尝试先将一个数字放入第一个集合、然后再放入第二个集合、然后再放入第三个集合，以此类推。应用此种贪婪算法可以得到 $S(k)$ 的部分下界，但通常无法得到最终结果。

未解之谜：计算得到舒尔数 $S(k)$，特别是计算得到 $S(5)$。

如果 $S(5) \geq 200$，梅林就可以将码头分配方法扩展到支持 5 个码头、200 对船只。截至 2018 年，我们仅知道 $S(5)$ 的取值范围在 160 到 315 之间。

动笔试一试

谜题 12

圣杯存储宝库

物理学告诉我们，光在光滑、平坦表面上的反射路径遵循一个简单的反射原理：入射角等于反射角。台球从台球桌边的反弹路径也适用于反射原理。我们很容易预测光在矩形房间中的反射路径，但在这个谜题中，梅林要考察的是光在所有可能多边形房间中的反射路径。数学家们能利用极其简单的原理设计出非常棘手的问题。

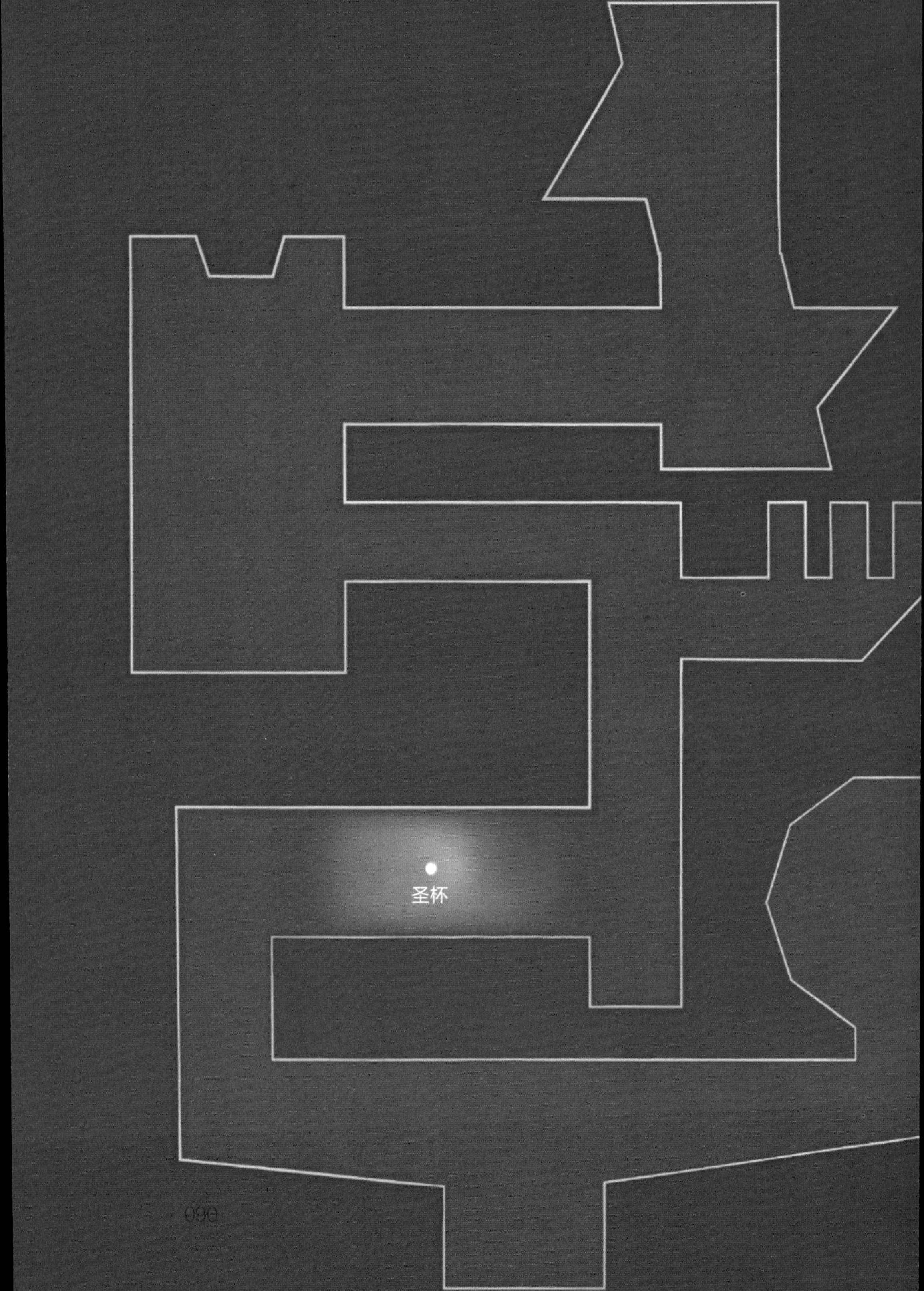
圣杯

密不透风，我被传唤到卡美洛。

为了保护圣杯免遭偷窃，骑士们想在城堡下方建造一个巨大而复杂的宝库。他们希望宝库的墙壁平整光滑，墙壁上布满竖直的落地镜。我认为这是个很不错的想法，因为装满镜子的房间确实会让盗贼感到头晕目眩。

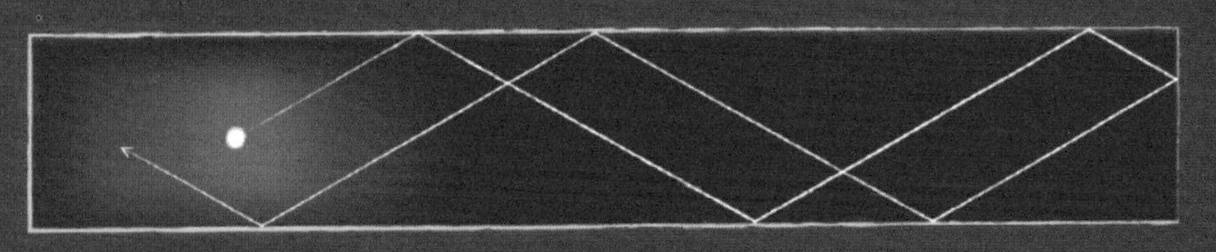

宝库的光源可以来自于圣杯本身。虽然阳光下的圣杯看起来普普通通，但在黑暗中圣杯却能发出强烈的光。不管宝库最终的设计图纸是什么样子，骑士们都想知道是否有可能把圣杯放在宝库中的某个地方，使圣杯发出的光亮经过镜子反射后可以照亮整个房间。

多年来，我一直在思考这个谜题。然而，即使运用我的魔法和逻辑的力量，也始终无法回答这个问题。

希腊数学家希罗（Hero of Alexandria）首先提出了光的反射原理，即入射角等于反射角（如图 11 所示）。

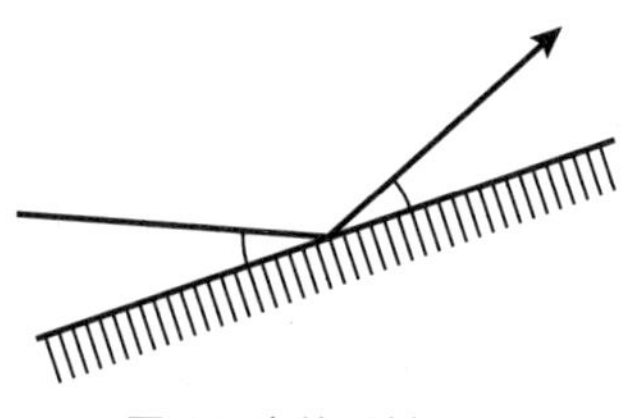

图 11 光的反射原理

本谜题中的宝库是一个墙壁可以完全反射光的房间。在这样的房间中，一束光会在墙壁之间无限反射，反射路径就由反射原理决定。

20 世纪 50 年代，恩斯特 · 施特劳斯（Ernst Straus）提出了这样一个问题：单一光源是否总能完全照亮一个完全由反射墙面组成的房间。也就是说，从单一光源发出的光线能否经过房间内的每一个点。即使房间中没有镜子，单一光源也可以照亮一个凸房间。仅需要经过几次反射，光就会经过凸房间的各个角落。因此，如果想构建一个不能被反射光完全照亮的房间，房间中必须包含位于偏僻位置的凹处和狭窄无比的缝隙，从而防止光线进入。

未解之谜：任何布满平面镜墙的房间都可以被一个光源完全照亮。

就在施特劳斯提出此问题后不久，罗杰·彭罗斯（就是在“瓷砖铺满圆桌”一节中提到的物理学家罗杰·彭罗斯）发现了一个反例。他构建了一个墙壁为椭圆形的房间，无论把光源放在哪里，反射光都无法照亮整个房间（如图 12 所示）。

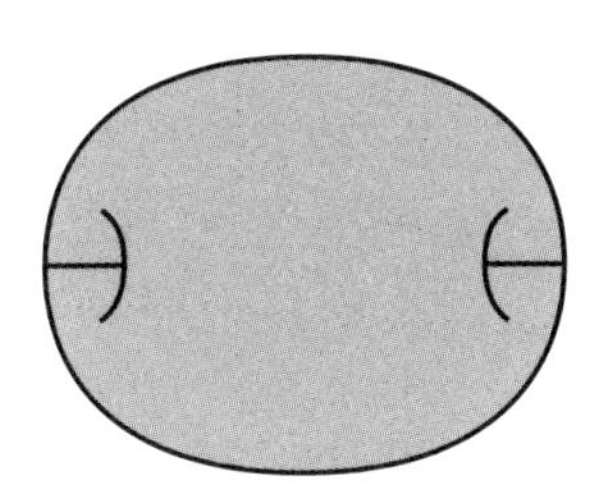

图 12 彭罗斯的房间

20 世纪 90 年代，乔治·托卡斯基（George Tokarsky）在此问题上取得了一些研究进展。他构建了一个多边形房间。房间中包含两个特殊的点，放置在其中一个点的光源无法照亮另一个点（如图 13 所示）。

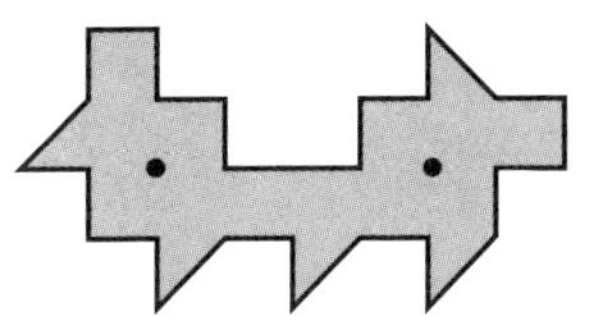

图 13 乔治·托卡斯基的房间

如果不将光源放置在这两个点，则反射光就会照亮整个房间。因此，托卡斯基的房间也无法完全符合宝库的设计要求[①]。

① 截至目前，此问题又有了新的研究进展。2016 年，塞缪尔·勒列夫尔（Samuel Lelièvre）、蒂埃里·蒙特尔（Thierry Monteil）和巴拉克·韦斯（Barak Weiss）证明，只要多边形房间各个边的夹角均为有理数，则除了有限数量的可能点外，光源放置在其他位置时，反射光一定能照亮整个多边形房间。

动笔试一试

谜题 13

打碎的坠星石

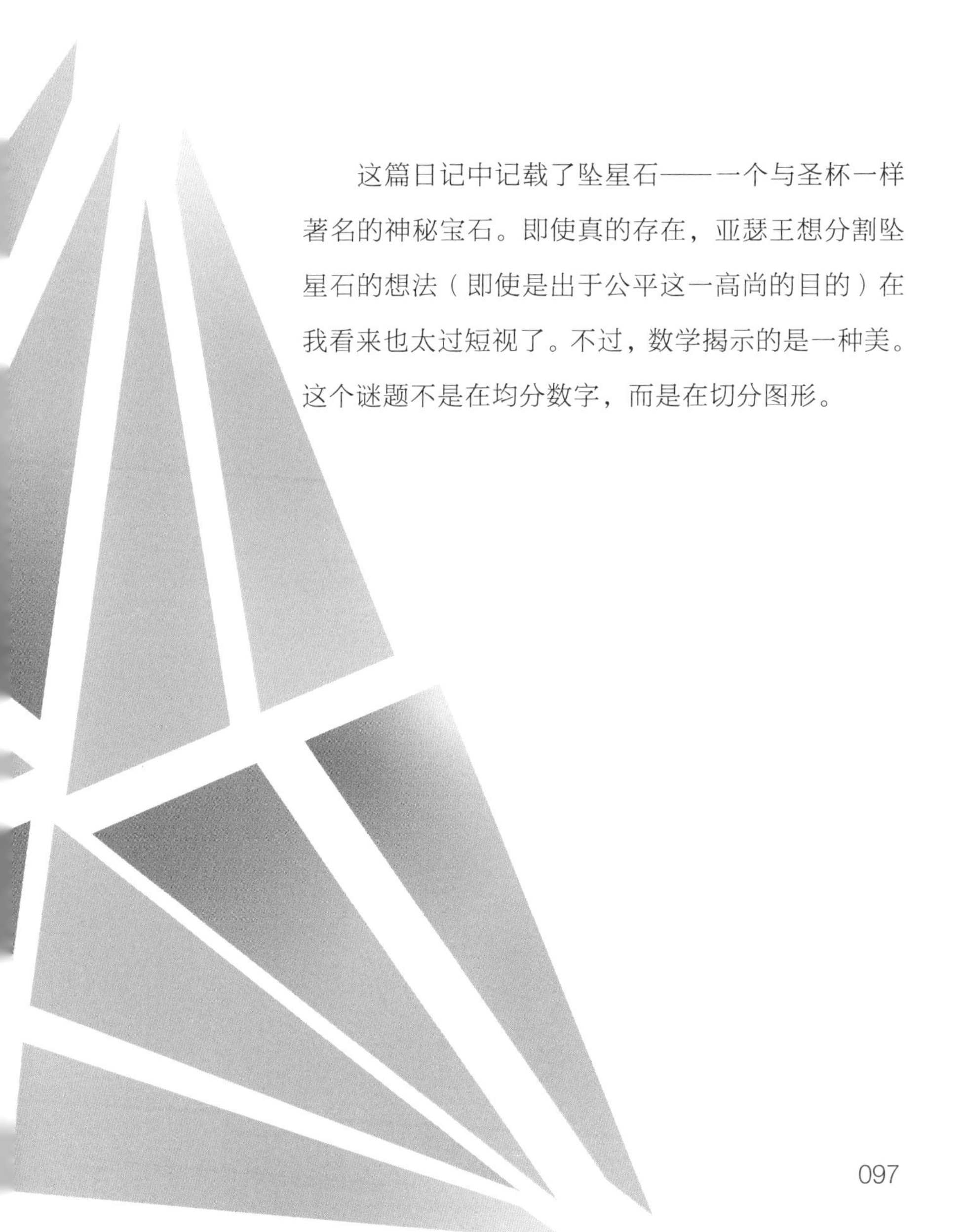

这篇日记中记载了坠星石——一个与圣杯一样著名的神秘宝石。即使真的存在，亚瑟王想分割坠星石的想法（即使是出于公平这一高尚的目的）在我看来也太过短视了。不过，数学揭示的是一种美。这个谜题不是在均分数字，而是在切分图形。

维护公平，我被传唤到卡美洛。

在成功找回圣杯后，亚瑟王开始寻找另一件神秘的遗物：失传已久的坠星石。我们只知道关于这颗神秘宝石的三条线索：

1. 它比钻石还要坚硬，但比羊皮纸还要薄。
2. 它的各个面都是完美平直的。
3. 它的所有角都是向外凸出的。

亚瑟王向他的十二个骑士承诺，如果真的能找回坠星石，他会将坠星石打碎成 12 颗更小的宝石，每颗宝石的各个面都是平直的、角都是向外凸出的。由于不知道坠星石的确切形状，亚瑟王想知道这样做是否总能满足公平性，即每一颗较小的宝石都有相同的周长和面积。

尽管一直没有找到坠星石，我也花了好几年的时间在研究这个宝石打碎谜题。然而，即使是我的魔法和逻辑的力量，也无法回答这个问题。

三种可能的坠星石公平打碎方法

数字可以被等分，图形也可以被等分。多边形的一种公平分割，指的是把多边形切分成小块，且所有小块都有相同的周长和面积。有些情况下的公平分割比较容易，有些情况就比较难。例如，很容易将一个正八边形切分成周长和面积相等的 8 个小块，但要把它切分成 9 个或 10 个周长和面积相等的小块就没那么简单了。切分成 11 个周长和面积相等的小块更是难上加难（如图 14 所示）。

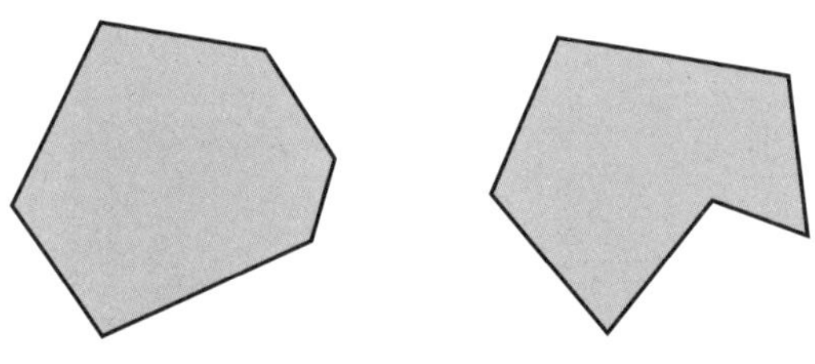

图 14 一个凸多边形和一个非凸多边形

很难处理任意多边形，因此我们将重点放在凸多边形上。如果在多边形中任意选择两点连线，连线上的所有点仍在此多边形中，则称这个多边形是凸多边形。也就是说，多边形的所有角都向外凸出。2007 年，R. 南达库马（R. Nandakumar）与 N. 拉玛那·饶（N. Ramana Rao）提出了下述猜想：

未解之谜： 对于任意整数 n，任意凸多边形都可以被公平地分割为 n 个凸块。

我们知道，可以将任意凸多边形公平地分割为两个小块，具体方法如下。令 p 和 q 为多边形边上的点，使得 pq 将多边形分割为两个面积相等的小块（A 块和 B 块）。这两个小块的周长很可能不相等。例如，A 块的周长小于 B 块的周长。现在，沿着多边形的边顺时针移动 p 点。为了保证两个小块的面积相等，我们也需要顺时针移动 q 点。如此这般继续移动，p 点最终会被移动到 q 点的起始位置，而 q 点会被移动到 p 点的起始位置。此时，A 块和 B 块的边也随之交换，因此现在 A 块的周长一定大于 B 块的周长。在整个移动的过程中，A 块和 B 块的周长在不断变化，所以在顺时针移动开始和结束之间的某个地方，一定存在一个 A 块和 B 块周长相等的中间位置（如图 15 所示）。

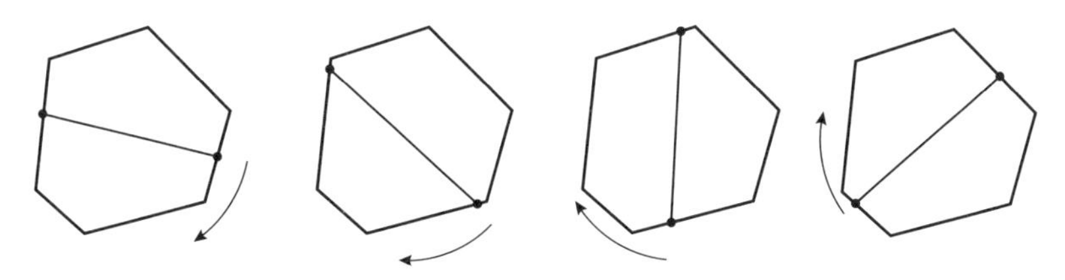

图 15 将任意凸多边形公平地分割成两个小块

虽然公平分割成 n 个小块的这一更一般的问题还未得到解决，但数学家们已经取得了一些研究进展。2010 年，鲍里斯 · 阿罗诺夫（Boris Aronov）和阿尔弗雷多 · 休伯特（Alfredo Hubard）以及罗曼 · 卡拉肖夫（Roman Karasev）分别独立地证明了，当 n 是质数或质数的幂时，总可以将一个凸多边形公平分割为 n 个凸块。梅林的问题是把一个凸多边形公平分割成 12 块。因为 12 不是质数，也不等于质数的幂，因此这个结果不能解决梅林的问题。应用卡拉肖夫提出的方法，可以将多边形公平分割成 4 块，再将每个小块公平分割成 3 块。这 12 个小块的面积一定相等，但周长可能不相等。

动笔试一试

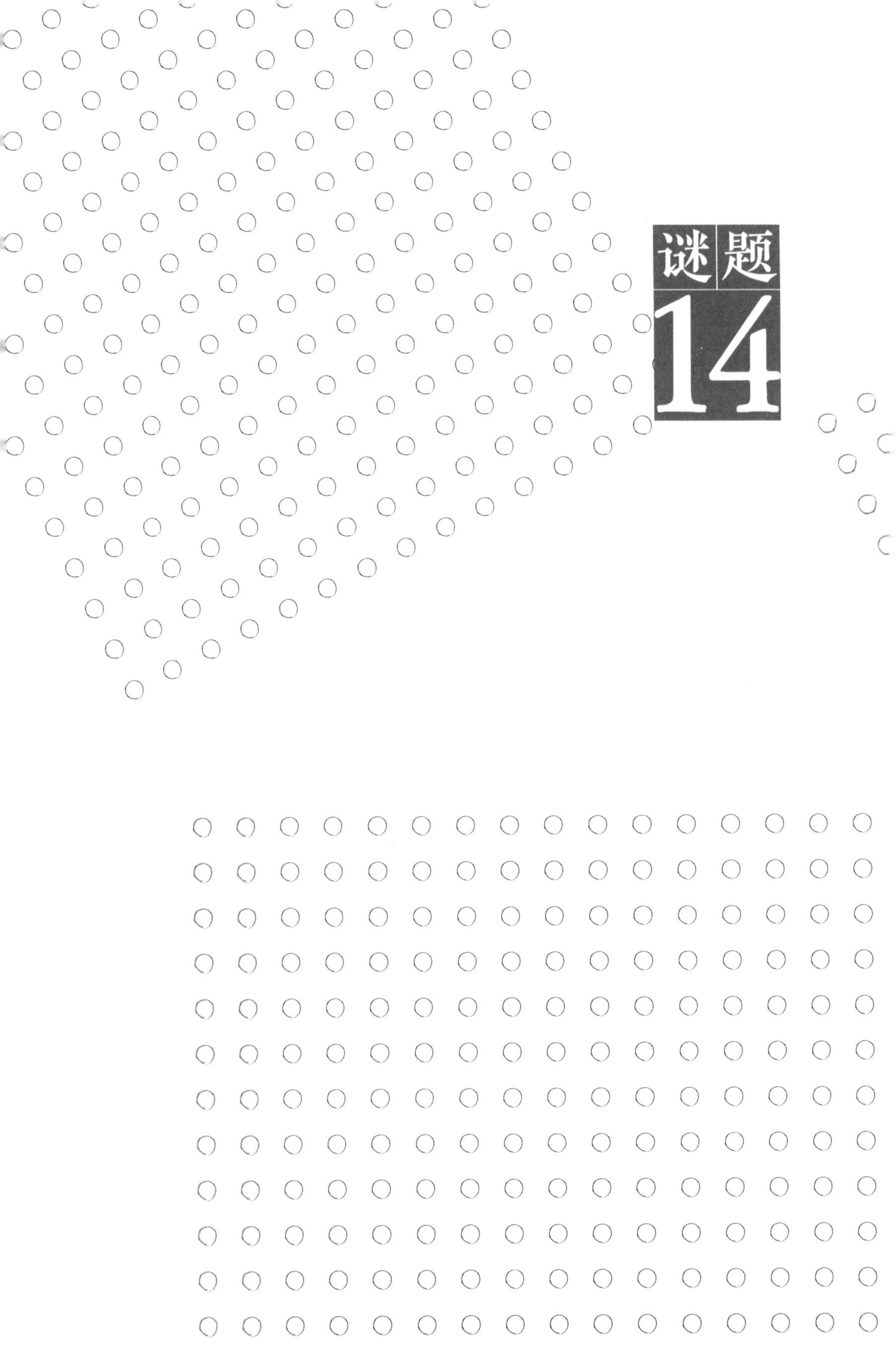

谜题 14

构建骑士方阵

在这篇日记中，梅林面对的是毕达哥拉斯留下的遗产。毕达哥拉斯是一位历史地位与梅林在神话传说中的地位相媲美的历史人物。当我第一次了解到著名的毕达哥拉斯定理时，我认为它是我所遇到过的最美妙的定理之一。但不久之后，我便认为这个定理太简单了，转而去研究更高等的数学原理。这个谜题颠覆了我对毕达哥拉斯定理的认知，向我揭示了经典定理中所蕴含的复杂、深邃的数学知识。

225
64
289

保卫王国，我被传唤到卡美洛。

薇薇安公主背叛了我们所有人！在黑暗女巫摩根勒菲的支持和推动下，薇薇安公主组建了自己的军队，在卡姆兰集结了一支骑士军团，向亚瑟王宣战，争夺卡美洛的王位[①]。

卡美洛的士兵总是排成方阵，因为方阵象征着严格有序和完美无缺。卡美洛有两个步兵团。一个步兵团包含 64 名士兵，由珀西瓦里爵士[②]指挥。另一个步兵团包含 225 名士兵，由加拉哈德爵士[③]指挥。亚瑟王将两个步兵团分开部署，但在战况严峻时，两个步兵团将合并为一个步兵团，共 289 名士兵。

由于有摩根勒菲的协助，亚瑟知道薇薇安的军队非常强大。为了保卫卡美洛，亚瑟王重组了自己的军队，组建了一支由三个步兵团构成的新军队，分别由珀西瓦里、加拉哈德和兰斯洛特三位勇敢的骑士指挥。

亚瑟王想知道需要招募多少士兵才能组建出三个步兵团，使得每个单独的步兵团、任意两个步兵团、或者三个步兵团的总人数都能以完美的方阵队列行进。

在大战开始前的几个星期里，我使出了浑身解数来解决这个问题。然而，即使运用我的魔法和逻辑的力量，也无法给出答案。

---

① 卡姆兰之战是传说中亚瑟王的最后一战。在战役的最后，亚瑟王受了致命的重伤并在不久后死去。——译者注

② 珀西瓦里是亚瑟王传说中圆桌骑士团的成员之一。——译者注

③ 加拉哈德是亚瑟王传说中圆桌骑士团的成员之一。加拉哈德最终寻得了圣杯的下落，因此他在亚瑟王朝中有着独一无二的地位。——译者注

来自不同文明的数学家在很久以前就已经意识到直角三角形三条边长度之间的关系了。现在一般把直角三角形边长之间的关系称为毕达哥拉斯定理，也称勾股定理。

> **毕达哥拉斯定理：**如果 a 和 b 是直角三角形两条直角边的长度（古称勾长、股长），而 c 是此直角三角形斜边的长度（古称弦长），则 $a^2+b^2=c^2$。

上述关系的存在导致很难令直角三角形三条边的长度都是整数。例如，如果直角边的边长均为 1，那么斜边的长度为 $\sqrt{2}=1.414\cdots$。然而，也有一些三条边长度都是整数的直角三角形。例如，直角三角形的边长可以分别为 3、4、5，因为

$$3^2+4^2=9+16=25=5^2$$

取值均为整数且满足勾股定理关系的三条边长称为毕达哥拉斯三元组。寻找毕达哥拉斯三元组最直接的方法是选择两个整数 a 和 b，并验证 a^2+b^2 是否为完全平方数。在梅林的日记中，现有的两个步兵团人数就是一个例子：当 $a=8$、$b=15$ 时

$$a^2+b^2=64+225=289=17^2$$

梅林所面临的挑战是，选择三个整数 a、b、c，并验证 a^2+b^2、a^2+c^2、b^2+c^2 以及 $a^2+b^2+c^2$ 这四种组合是否均为完全平方数。可以从几何角度理解这一挑战：如果 a、b、c 分别是长方体三条边的长度，则 $\sqrt{a^2+b^2}$、$\sqrt{a^2+c^2}$、$\sqrt{b^2+c^2}$ 分别是各个面对角线的长度，且 $\sqrt{a^2+b^2+c^2}$ 是体对角线的长度。如果梅林能找到满足这

四个条件的整数，则此长方体所有对角线的长度都是整数，从而创造出所谓的完美长方体。

未解之谜：找出构成完美长方体的一组三边长。

有时也把完美长方体称为完美欧拉长方体，以纪念研究这一问题的18世纪瑞士数学家莱昂哈德·欧拉（Leonhard Euler）。找到满足前三个条件的一组三边长并不难。例如，如果 a=44、b=117、c=240，则

$$a^2+b^2=15\ 625=125^2,$$
$$a^2+c^2=59\ 536=244^2,$$
$$b^2+c^2=71\ 289=267^2.$$

然而，由于 $a^2+b^2+c^2$=73 225（不是完全平方数），因此这一长方体的体对角线长度不为整数（如图16所示）。

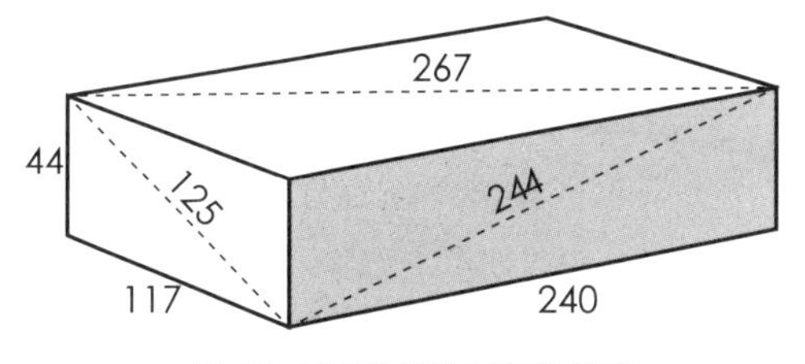

图16 长方体的体对角线长度

从另一个角度看，把一个数写成三个平方数的和也不太难。欧拉的学生、普鲁士科学院数学部主任约瑟夫·路易斯–拉格朗日（Joseph-Louis Lagrange）[①] 证明，每一个正整数都可以写为四个或者更少平方数的和。问题的难点在于找出同时满足四个条件的 a、b、c。至今数学家们仍未找到这样的 a、b、c，但也尚未能证明为什么不存在这样的整数组合。

① 欧拉是拉格朗日的博士生导师。——译者注

动笔试一试

谜题 15

三十三 橡树墓

随着挚友亚瑟王的不幸逝世，梅林发现自己又将面对另一个谜题。这个谜题不处理质数或特殊结构的图，而是要处理一个看起来非常简单的问题：把一些点有序地放在一张纸上。数学家把这类问题归类为排列问题。梅林的第一个谜题是要排列 6 个正方形，而这个谜题是要排列 33 个点。为了找到谜题的解，我曾在纸上乱涂乱画了好几个晚上。

悲痛欲绝，我被传唤到卡美洛。

亚瑟王在卡姆兰之战中受了致命伤。他最后一次把我叫到他面前，希望我能把他葬在他的出生地阿瓦隆岛，以了却他的遗愿。

亚瑟王告诉我，这个岛上有一个又平又宽的大土堆。土堆上长着 33 棵巨大的橡树，任意 3 棵橡树都不在一条直线上。

他让我从这 33 棵橡树中选择出 7 棵树，在这 7 棵树上建造纪念塔，分别作为他陵墓的一角，并保证所有角都小于 180° 。

我既没有见到土堆，也没有见到土堆上橡树的具体排列情况，但我猜想应该能找到满足他要求的 7 棵树。然而，即使运用我的魔法和逻辑的力量，也无法确定是否一定能找到满足要求的 7 棵树。

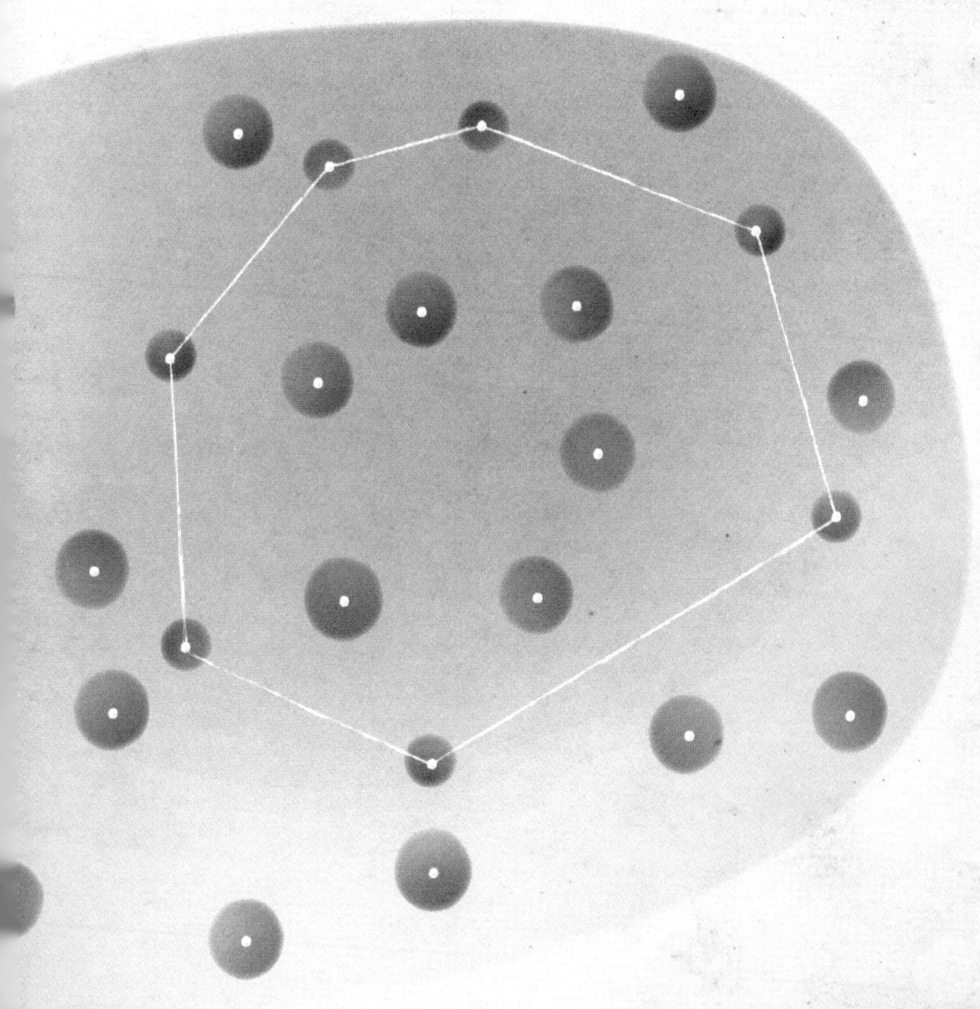

20 世纪 30 年代，布达佩斯是年轻数学家的聚集之地。正是在这种环境下，埃丝特·克莱因向她的同事提出了一个问题：在平面上任意给定满足一般情况的 5 个点，是否必能用其中的 4 个点组成一个凸四边形。这些点满足“一般情况”的含义仅为任意 3 个点不在一条直线上。很显然，满足一般情况的任意 4 个点都可以组成一个四边形，但组成的可能不是个凸四边形（如图 17 所示）。

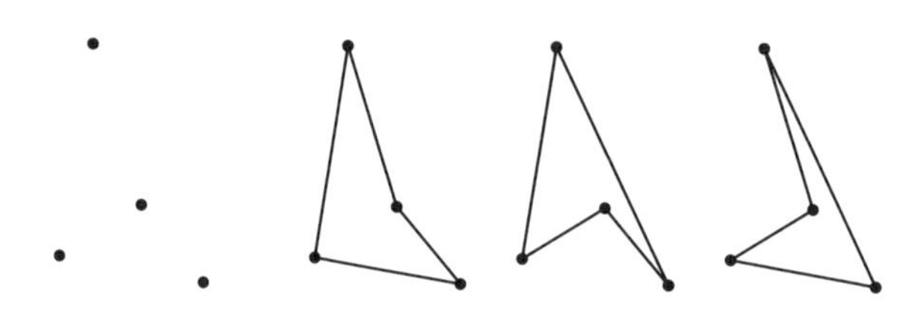

图 17 不能组成凸四边形的 4 个点

克莱因得到了答案：是的，5 个点就足够了。但与很多其他的问题一样，这个问题打开了新问题的大门。如果需要有 5 个点来保证得到一个凸四边形，那如果想保证得到一个凸 n 变形，需要多少个点。

十几年后，保罗·爱多士（Paul Erdős）和塞凯赖什·哲尔吉（George Szekeres）证明，至少需要 $2^{n-2}+1$ 个点才能保证得到一个凸 n 变形，并提出如下猜想：

未解之谜：如果想保证得到一个凸 n 变形，最多需要满足一般情况的 $2^{n-2}+1$ 个点。

这个猜想开辟了一个新的数学领域：组合几何学。埃尔德什后来称这个问题为“幸福结局问题”，并不是因为这个问题被愉快地解决了，而是因为克莱因和哲尔吉因这个问题在几年之后结为夫妻。

自此以后，这个问题几乎没有任何研究进展。已经证明，需要 $2^3+1=9$ 个点来保证得到一个凸五边形（如图 18 所示），需要 $2^4+1=17$ 个点来保证得到一个凸六边形。然而，我们不知道需要多少个点才能保证得到一个大于六条边的多边形。梅林所面临的挑战是在任意满足一般情况的 33 个点中找到可组成凸七边形的 7 个点。如果埃尔德什和哲尔吉的猜想是正确的，则有 $2^5+1=33$ 个点应该就够了。

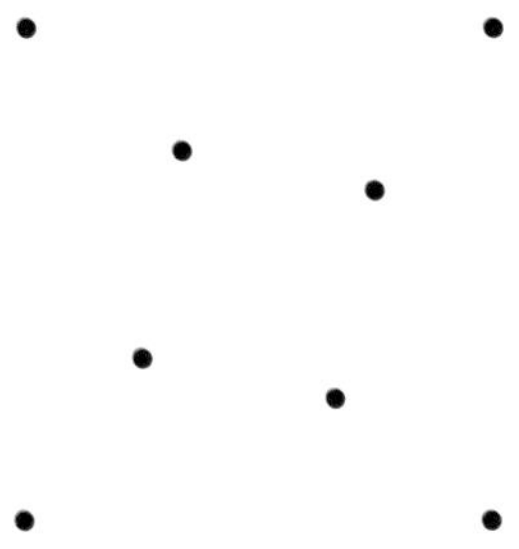

图 18 8 个点不足以保证得到一个凸五边形

动笔试一试

谜题 15

湖夫人的请求

这是梅林的最后一篇日记。最后一个谜题与迭代有关。迭代是指持续重复一个过程，每个步骤的结果都是下一个步骤的起点。数学中经常会使用这种技巧，但即使最简单的迭代过程也可能会引入意想不到的复杂性。尽管这个数学谜题依然尚未解决，但梅林似乎意识到他所热爱的卡美洛即将覆灭。

最后一次，我被传唤到卡美洛。

铸造了王者之剑的强大魔法师湖夫人找到了我。随着亚瑟王的逝世，她预言卡美洛将要覆灭。在这绝望的时刻，她提出了一种可以永远保存卡美洛记忆的方法。

她只要求我选出一个整数。

在午夜钟声敲响的时刻，湖夫人会把这个整数改为明天要用的整数：如果我选择的整数是偶数，明天的整数等于我选择整数的 1/2；如果我选择的是奇数，明天的整数等于我选择整数的 3 倍加 1。

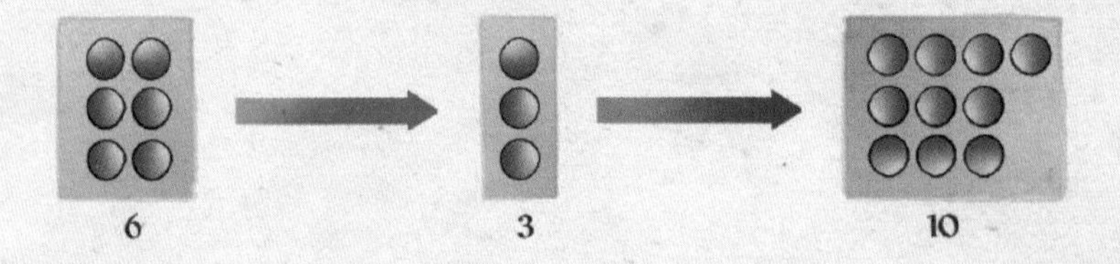

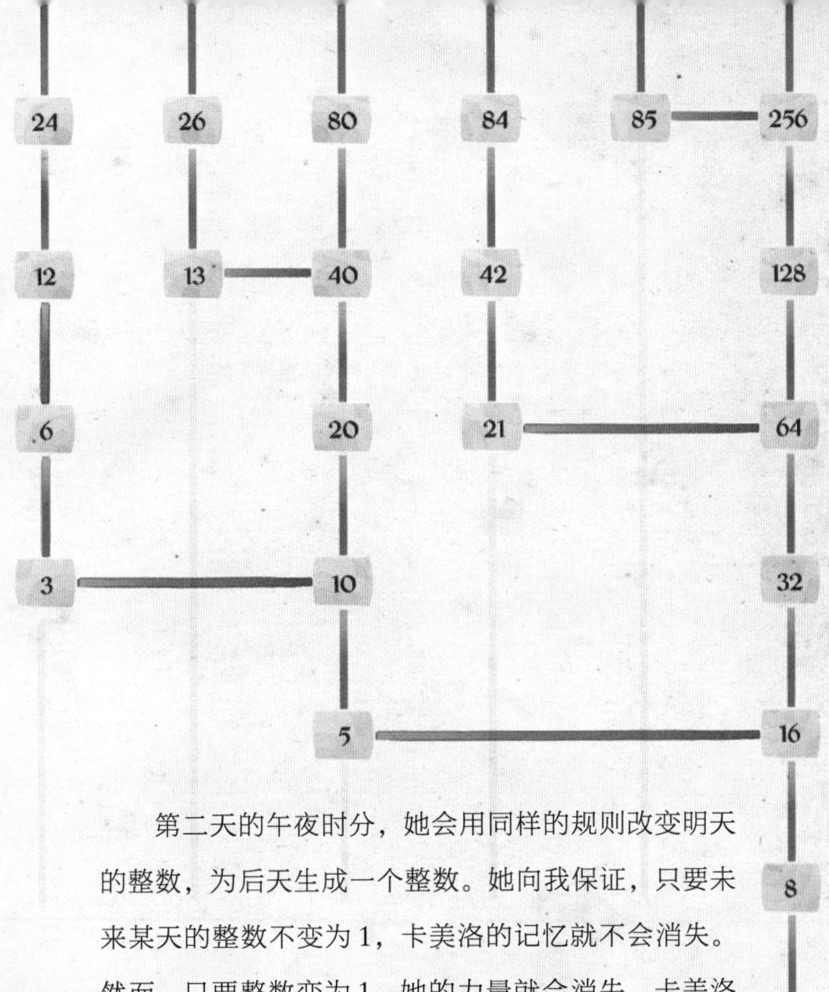

第二天的午夜时分，她会用同样的规则改变明天的整数，为后天生成一个整数。她向我保证，只要未来某天的整数不变为 1，卡美洛的记忆就不会消失。然而，只要整数变为 1，她的力量就会消失，卡美洛的记忆也将随风飘散。这一切都取决于我最初选择的整数。

因此，我选择了一个非常大的整数，确保卡美洛的记忆能够维持很长很长的时间。然而，我在想是否存在一个特殊的起始整数，如果我选择了这个整数，卡美洛的记忆就会永不消散。

我一遍又一遍地尝试完成这个挑战。然而，即使运用我的魔法和逻辑的力量，也没能找到这样一个整数。

1937 年，洛萨 · 科拉茨（Lothar Collatz）提出了一套优美的迭代规则：从一个整数开始迭代。如果是偶数，则除以 2；如果是奇数，则乘以 3 再加 1。此迭代过程只需要加法、乘法和除法这三种最基本的代数运算，且只用到最小的三个整数：1、2、3。

然而，这一迭代算法的输出毫无规律可言，只知道结果会变大，随后减小，再次变大，再次减小。例如

$12 \to 6 \to 3 \to 10 \to 5 \to 16 \to 8 \to 4 \to 2 \to 1 \to 4 \to 2 \to 1 \to 4 \to$

尽管输出毫无规律，但科拉茨推测，任何一个整数经过迭代后，最终会落入 $4 \to 2 \to 1$ 的循环。因为 1 是奇数，因此下一步的迭代结果为 $3(1)+1=4$，如此进入 $4 \to 2 \to 1$ 的循环。

未解之谜：经过科拉茨算法的迭代，所有整数最终都将出现 1 这个迭代结果。

有两种可能会导致这个猜想不成立。第一种可能是迭代结果生成了一个无上界的递增序列。第二种可能是迭代结果最终落入了一个非 $4 \to 2 \to 1$ 的循环。杰弗里 · 拉加里亚斯（Jeffrey Lagarias）已经证明，如果存在这样一个非 $4 \to 2 \to 1$ 的循环，则这个循环至少包含 275 000 个数。到目前为止，数学家们还没有发现这样一个循环。

为了让卡美洛的记忆永存，梅林必须找到一个不会落入 $4 \to 2 \to 1$ 循环的整数。感谢 2017 年计算机所做的验证，现在我

们知道，这个猜想对所有小于 87×2^{60} 的起始整数都成立。虽然这个猜想成立的证据很充分，但证明方法似乎远远超出了当代数学的边界。保罗·爱多士（Paul Erdős），这位在本书的多个故事中都占有重要地位的数学家，给出过一个非常著名的论述："数学还没有准备好解决这样的问题。"

动笔试一试

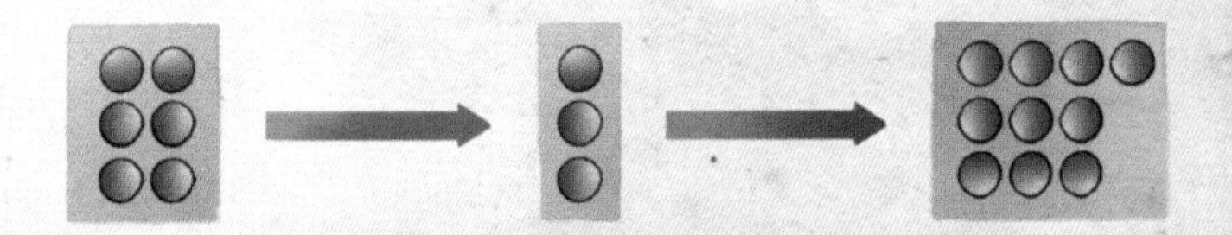

致谢

在构思本书之时，我们就知道我们要创作出一本不同寻常的书，一本与传统数学科普读物不太一样的科普读物。多年来，许多朋友和同事都在影响着我们，塑造着我们对数学的看法和理解。我们特别感谢科林·亚当斯（Colin Adams）、德怀特·比恩（Dwight Bean）、阿特·本杰明（Art Benjamin）、埃德·伯格（Ed Burger）、安迪·克劳奇（Andy Crouch）、藤村真子（Mako Fujimura）、汤姆·加里蒂（Tom Garrity）、约翰·麦克莱里（John McCleary）、林恩·麦格拉思（Lynn McGrath）、乔·奥洛克（Joe O'Rourke）、里奥·帕切特（Lior Pachter）、迈克·舒尔曼（Mike Shulman）和莱内尔·维格（Lynell Weeg）为本书提供的帮助。

没有凯伦·甘茨（Karen Gantz）的不懈努力，本书是不可能与读者朋友见面的。我们也要感谢麻省理工学院出版社的吉米·马修斯（Jermey Matthews）和出版团队。他们从一开始就相信这本书的价值，并帮助我们将我们的想法注入到本书中，让我们对这本书的想象变成了现实。

最后，感谢我们的家人，我们爱你们。你们和其他人一起，在我们探究知识与生命奥秘的旅途当中一直支持着我们。